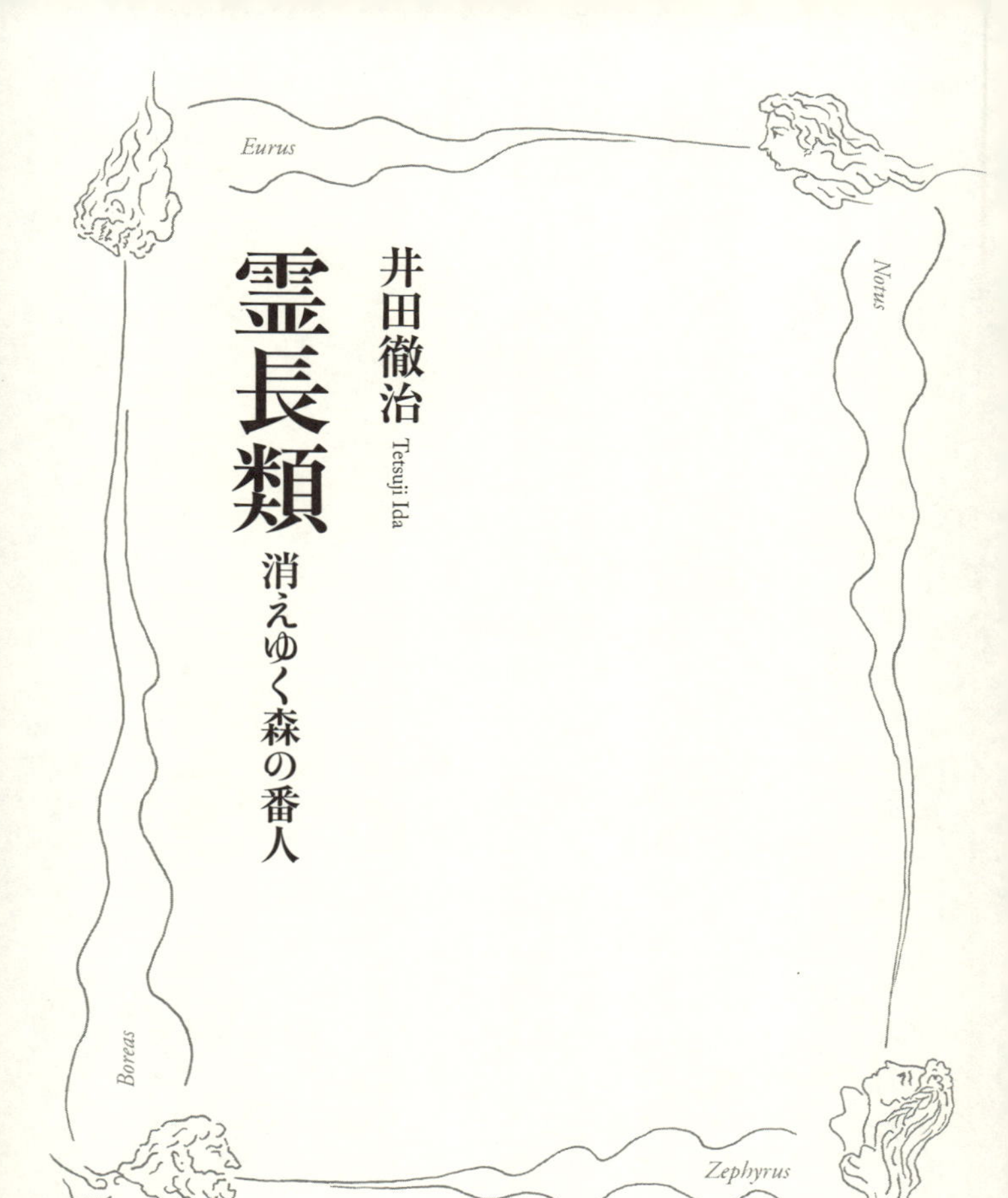


# 霊長類

## 消えゆく森の番人

井田徹治
Tetsuji Ida

岩波新書
1662

# はじめに

立っているだけで汗が噴き出す湿地帯の森の中、遠くで雷の音が響き、空気が急にひんやりとしたと思った瞬間、大きな音とともに強烈な雨が降りだし、セミや鳥、遠くから聞こえるホエザルの声をかき消す。周囲は土と水の香りに満ち、白や黄色の花が舞い落ちる。木々の葉の色や形、においから音まで、熱帯の森は多様さにあふれている。

2015年の9月、筆者は南米ペルーのアマゾン川の支流、ヤバリ川の周囲に広がる熱帯林の中にいた。交易で栄えたアマゾン川流域の都市、イキトスから水上飛行機とボートを乗り継いで3時間ほど。ほとんど人間の手が加わったことがない森の中にすむアカウアカリという絶滅危惧種のサルの研究と保護に取り組む研究チームの取材が目的だった。

後で詳しく紹介するがアカウアカリはアマゾン川流域にだけしかいない霊長類で日本人にはほとんど知られていない。赤褐色の体毛をしているが、顔にはほとんど毛がなく、おまけに皮下脂肪もないために真っ赤な顔をしている。まるで深夜の繁華街に出没する酔っぱらいのような顔だ。その顔つきは「世界の奇妙な動物ランキング」上位の常連だし「最も醜い霊長類」の

ルワンダのマウンテンゴリラの子ども

マレーシアのオランウータンの子ども

タンザニア・マハレのチンパンジーの子ども

ペルーのアカウアカリ

ブラジルのゴールデンライオンタマリン

マダガスカルのネズミキツネザル

1位になったこともある。ゴリラやチンパンジーのように注目を集める動物でもないため、研究資金も乏しい。それでも研究者は、時には命の危険もあるような厳しい状況下で、連日、森の中でアカウアカリを追ってその生態を探り、彼らを絶滅から救う手だてを見つけようとしている。一般の人にはちょっと理解できない行動かもしれない。

だが「長い地球の歴史の中で生まれ、この地に存在し続けてきたアカウアカリは、生態系の重要な構成要素のはずだ。人間が彼らのことを理解する前に、彼らが地上から永遠にいなくなってしまっていいはずがない」というのがアマゾンの森の中でアカウアカリの姿を追い続ける霊長類研究者の言葉だった。

筆者は過去10年ほどの間、アフリカ、アジア、中南米など世界各地で霊長類の姿を追い、絶滅が心配されている霊長類の研究や保護に取り組む研究者の姿を取材してきた。

言うまでもなく霊長類は地球上で人間に最も近縁な動物である。森の中に巨体をどっしりと落ち着けてエサを食べながら、こちらをじろりと見据えるゴリラの成熟オスは背中の毛が銀色に見えることからシルバーバックと呼ばれる。その周りでは、人間の子どもさながらに親の背中に乗ったり、木にぶら下がったりしてゴリラの子どもが遊ぶ。

アフリカにいる大型類人猿のチンパンジー、今世紀初頭に初めて種として認められ「最後の類人猿」と呼ばれるボノボは、ともに人類に最も近い生物だ。オレンジ色のふさふさした毛に覆われた長い腕に大きな目をした子どもを抱え、木の上で食事をするオランウータン。金色に輝く毛並みが美しいブラジルのゴールデンライオンタマリン、深夜のボルネオの森の中、大きな目でエサを探すメガネザル。体操選手も及ばない身軽さで木から木へと飛び移るテナガザルや南米ブラジルのクモザルの1種、ムリキ。地球上でそこにしかいないマダガスカルのキツネザル。多様な彼らの姿は見る者を飽きさせないし、森の中で霊長類の姿を見ることは理屈抜きで面白い。だが、その多くが今、絶滅の危機に立っている。国際自然保護連合（IUCN）によると地球上には亜種まで含めると約700種の霊長類がいるが、このうちほぼ60％が絶滅の危機にあるという。そして、彼らを絶滅の瀬戸際に追い詰めているのは、人間というたった1種の霊長類の行動だ。

各国で見てきた霊長類保護の現場からの報告を元に、どうしたらこの地球上で人間と、われわれに最も近い親類が末永く暮らし続けてゆくことができるのか、ひいては人間が地球の生態系を守りながら、末永く暮らしてゆくにはどうしたらいいのかを考えようというのが本書の狙いである。巨大なゴリラやオランウータンから手のひらに乗るような小型のキツネザルまで、世界各地で多様な霊長類が生き続けられることは、そこに良好な環境が残っていることの象徴だと言える。そしてそれは、人間が地球上で暮らし続けるために極めて大切なことだと考えるからだ（本書で提供者が明記されていない写真は、水木光撮影）。

# 目　次

# 第1章　霊長類に迫る危機

「ゴリラやオランウータン、メガネザルなどが世界中で最も絶滅の懸念が大きい25種だ」――。２０１５年の11月、国際自然保護連合（ＩＵＣＮ）の霊長類専門家グループがこんなレポートを発表した。題して「危機に立つ霊長類」。専門家グループなどが2年おきに改訂することの報告書で紹介された25種は、必ずしも数が極端に少ないというだけでなく、種の保全に早急に取り組む必要がある、人々の関心を高める必要があるといった面も考慮し、霊長類学者が集まって激しい議論をした末にまとめられる。

25種の中にはヒガシローランドゴリラ、スマトラオランウータンなどわれわれ日本人に比較的なじみのある霊長類も含まれるが、コロブス、ラングール、シファカなど多くの人にとってなじみのない霊長類も多い。われわれは自分たちに一番近い親類のこと、そして彼らの多くが絶滅の淵に追い込まれていることを意外と知らないのではなかろうか。

各国の霊長類学者でつくる専門家グループによると、現在、霊長類は４９６種、亜種まで含めると６９５種が知られている。体長わずか6センチ、体重30グラム前後のピグミーネズミキツネザルから、体長180センチ、体重は200キロを超えることもある最大のヒガシローランドゴリラまで地球上にすむ霊長類の姿は非常に多様だ。哺乳類ではネズミなどの齧歯目、コウモリなどの翼手目に次ぐ多様さだ。

アフリカ、アジア、中南米が主要な霊長類の生息地で、それぞれ200種くらいの霊長類がすんでいる。霊長類の話をする時に忘れてはいけない場所が、アフリカ大陸の東、インド洋の島国、マダガスカルである。後で詳しく紹介するがマダガスカルには100種を超える霊長類がすんでいて、そのすべてが固有種、つまりマダガスカルにしかいない霊長類だ。

### 霊長類大絶滅時代

絶滅危惧種などに関するIUCNの最新のレッドリストでは、評価した437種のうち266種に絶滅の恐れがあるとされた。なんと60%である。このうち3ランクある絶滅の危険度のうち最もリスクが高い「近い将来の絶滅の恐れが極めて高い種」とされたものが63種もあった一方、「懸念なし」は125種にとどまった。マダガスカルでは87%、アジアでは73%に絶滅の恐れがあるなど、特に絶滅危惧種が多い。数が減少傾向にある種が全体の7割を占める。

だが、近年、絶滅が宣言された霊長類はない。IUCNが評価した中で絶滅種の霊長類はジャマイカで1700年ごろまで生息していたサルと、マダガスカルで化石が見つかった体重2

00キロはあったのではないかという巨大キツネザル、パレオプロピテクスの2種だけである。アフリカのコートジボワールだけにいるミスウォルドロンアカコロブスというサルは長い間、科学者が生きた個体を確認していないため、絶滅したのではないかと言われているが、時々、住民の目撃例が伝えられたりすることもあって「絶滅種」とはされていない。20世紀、哺乳類の中でイヌなどの食肉目と偶蹄目は11種、有袋目は9種も絶滅したとされているのに、絶滅した霊長類はなかった。だが、25種の中には中国のカイナンテナガザルのようにその数が20頭前後しかいなくなってしまった霊長類もいる。このままでは21世紀は「霊長類大絶滅の世紀」になりかねないのだ。

## 森をつくる類人猿

霊長類は非常に多様性が高く、多様な環境に適応して生きている。地上や地上近くで生活するものから何十メートルにもなる木の頂上付近で生活しているものまでさまざまだ。多くは植物食か果実食だが、チンパンジーで報告されているように肉食をするものもあるし、昆虫や森の中の小動物を食べるものもある。ゴリラのような大きな類人猿が森の中で食事をしたり、歩き回ったりすることで森の植生を乱し、森の再生や成長に貢献することも指摘されている。

霊長類はさまざまな環境に育つ植物の種子を飲み込み、未消化のまま糞として体外に出すことなどによって植物の種子を散布し、自生地の拡大に貢献していることがよく知られている。ボルネオ島での研究では、1つのグループのテナガザル（ギボン）は少なくとも年間、1平方キロ当たり160種の植物の種、1万6400個を散布していたと報告されている。手先が器用で、時には道具を使う霊長類でしか食べられない種子もあるし、熱帯林の中には、大きな種子のまわりに薄い果肉がぴったりとくっついていて、霊長類が種子ごと飲み込んでくれるようになっているものもある。中にはキノコを好んで食べるサルもいるので、胞子が霊長類の体について運ばれるという「胞子散布」の役割を果たすことも知られている。

カナダ・マギル大学の著名な霊長類学者、コリン・チャップマンは長くフィールド研究を続けているウガンダのキバレ国立公園での観察から、コロブスなどの霊長類がいる森は、いない森に比べて森林の下の実生の密度が高いことを指摘し、霊長類がいなくなると森の生態系がドミノ倒しのように劣化していく可能性があることを指摘している。

アマゾンではクモザルやオマキザルの仲間が狩猟によっていなくなった場所では、霊長類のいる他地域に比べて森林の劣化が激しかったことが報告されているし、タイでの研究ではギボンの減少が、ギボンが種子を散布する樹種の減少を招いたことが指摘されている。

### 動物の減少

生物種の絶滅、ゾウや類人猿などの数が減っていることが指摘される中で、世界の生態学者は大型動物がいなくなることの影響に注目している。英語では「ファウナ(FAUNA, 動物相)」がなくなるという意味で「デファウネーション(Defaunation)」という。大型のクジラがほとんどいなくなった海、大型類人猿や霊長類が絶滅した熱帯林などは、デファウネーションの典型例といえる。

ブラジルのサンパウロ州立大学などのグループは2015年12月、「種子散布に貢献する霊長類をはじめとする大型の哺乳類や鳥類がいなくなると、森林が二酸化炭素を吸収する能力が少なくなり、その結果、地球温暖化を加速させることになる」との論文を発表している。「森の中で大きく成長する植物の種子を運べる大型の動物がいなくなると、森がやせて二酸化炭素の吸収力が減少し、地球温暖化が進行する」という理屈だ。後で紹介するように、地球温暖化はオランウータンなどの生息に悪影響を与えることが指摘されている。温暖化で大型霊長類が減り、森林の吸収力が減って、これがさらに温暖化を悪化させるという悪循環が始まる可能性もあるということだ。論文の著者のキャロリーナ・ベロは「今、急速に進んでいる熱帯林での動物の減少を食い止めることは、単にカリスマのような大型動物や、彼らが種子を散布する植物を守るというだけでなく、気候変動や森林再生のプロセスにもいい効果をもたらすだろう」と指摘している。

霊長類が種子散布に貢献しているのは明らかだが、チャップマンによると、実際に果実食の霊長類による種子散布が森林の生態系にどれだけの影響を与えているかを解明することは難しい。種子を食べてあちこちに運ぶのは、鳥やコウモリ、小動物など霊長類以外にもたくさんいることが1つの理由だ。

森の中を動き回る巨体のゴリラを生態系のエンジニアと呼ぶ人もいる(ルワンダ)

チャップマンが注目するのはむしろ、霊長類がいろいろな場で大量の植物の葉を食べることが森林の生態系に与える影響だ。体が大きい霊長類の森の中での比重は大きい。彼の試算では霊長類は熱帯林の中で植物の葉を食べる動物の全生物量の25~40%を占めているという。

キバレでの観察からチャップマンらは、コロブスが好んでその葉を大量に食べるために特定の樹種を枯らしてしまうことや、花を食べてしまうために種子が作れなくなること、霊長類が落とす大量の糞が森の中の栄養物質の循環に深く関わっていることなどを突き止めた。木を枯らすまではいかなくても、霊長類に若い葉っぱや芽を食べられるか食べられないかによって、植物の成長速度に違いが生じることも分かった。「霊長類は種子散布だけでなく、植物の葉を大量に食べることを通じて、熱帯の森の生態系の構造を決める上で、非常に重要な役割を果たしている」というのがチャップマンらの結論だ。彼は霊長類を「生態系のエンジニア」と呼んでいる。

現在のように、時にはコンピューターシミュレーションや地理情報システム(GIS)などのハイテクを使った生態学が発展するよりずっと以前、霊長類のフィールドワークと保全に取り組んだ研究者は、霊長類が、エンジニアとして森の生態系の維持に貢献し、それが結果的に人間に大きな恵みをもたらしてくれることに気付いていた。「ゴリラは植物の苗を踏みつけ、二次林が生長するのを助けることで山の森という環境を維持することに貢献している。山地の森もゴリラも、貧しい国が手にすることができないような「贅沢品」ではなく、森もゴリラもルワンダが失うことができない命の支えなのだ」と書くのは、後に紹介する野生オランウータン研究の先駆者のビルーテ・ガルディカスである。

また、ルワンダやコンゴ民主共和国(DRC)のマウンテンゴリラの先駆的な研究で知られる米国の動物学者、ジョージ・シャラーもその著書『ゴリラの季節』の中で「我々が、生きることの自由を彼らに提供しなければならないのと同じように、彼らもまた、ずっと存在し続けることによって、彼らの森から出る水や土壌水分といった形の生命維持上不可欠なものを、この山々の斜面に沿って生きる数千人もの人に提供する。これは平等なトレード・オフであるようにみえる」と書いている。

人間も地球の生態系の中で生きている動物なので、霊長類が散布する種子に依存することが少なくない。アフリカのコートジボワールでは、地元の人が食べ物などとして利用している植物の48%、ウガンダでは42%が、霊長類によってその種子が散布されているものだという調査結果があるし、東南アジアのジャコウネコの糞の中に入っているコーヒー豆のように、アフリカでは霊長類が散布した種子を集めて食料にしている人がいる地域がある。霊長類の生存は人間の食料とも深く関わっている。霊長類が森の中から姿を消すと、やがて森の姿は変わり、森が人間にもたらすさまざまな恵みも絶えてしまう。霊長類の絶滅を防ぐ意義の1つがここにある。

**【コラム】 霊長類とは**

霊長類(霊長目)とは、ネズミなどの齧歯目、イヌやネコなどの食肉目、ゾウの長鼻目などと同じ哺乳類の分類目の1つで、英語ではprimateという。哺乳類の中で数々の動物の最上位に位置するものだとの考えから名付けられたものだろう。われわれ現生人類、ホモ・サピエンスも霊長類の1種で、科学博物館などに行くと「霊長目ヒト科ヒト・日本人」といった説明がついた骨格標本や人体模型に出くわすこともある。現在、人間以外の霊長類がすんでいるのはアフリカ、中南米、南〜東南アジア〜東アジアの熱帯から亜熱帯にかけての地域だ。唯一の例外が日本で、九州から本州最北端の下北半島までニホンザルが、鹿児島県の屋久島にはニホンザルの亜種のヤクシマザルが暮らしている。温帯の先進国にすむ霊長類はこの2種類だけで、下北半島の個体群は人間を除けば世界最北端の霊長類である。下北半島の冬に雪の中で寒さに耐えていたり、長野県の山岳地帯で温泉に入ったり、雪玉で遊んだりするニホンザルの姿が欧米の観光客に高い人気を持つのはこのためだろう。2種とも絶滅の懸念はないとされている。1億人が狭い土地に住む国で長い間、サルと人間が共存してきたのは驚くべきことで、世界の霊長類保全に貢献する知恵が潜んでいるかもしれない。だが、日本人と自然との関係が大きく変わり、サルと人間との衝突が増えている。ニホンザルは分布域を広げ、農業被害の額は13億円に上り、人を恐れずに人家に入り込むサルもいる。われわれ日本人も今一度、サルとの関係の在り方を考え直す必要があるようだ。

# 第2章　大型類人猿の森
## ――ルワンダ、コンゴ民主共和国、コンゴ共和国

### 第1節　山に暮らすゴリラ

標高は既に3000メートル近く、空気は薄くなり始めていた。時には人間の頭ほどの大きな石が転がる急な上り坂や段々畑の中のあぜ道を歩くと、すぐに息が切れる。歩き始めてから1時間以上たっていたのだが、周囲には粗末な粘土作りの家があちこちに建ち、子どもたちがこちらを見ながら手を振る。豆や芋に混じってジョチュウギクの白い花が植えられた畑が急な斜面を埋め尽くす光景がどこまでも続く。時折、地面に掘った穴の中で炭を焼く煙が上るのが見える。「こんな高地にまで人の手が及んでいるのか」と思いながら、休み、休み山道を上ること2時間近く。突然、目の前に石積みの壁が現れ、銃を肩から提げた監視役のレンジャーの姿が見えた。

「お疲れ様。ここからが国立公園です。水や食べ物、杖などはここに置いていくのが決まりです」と同行してくれた公園長のプロスパー・ウィンゲリが言う。

900頭足らずしか地上におらず、極めて絶滅の恐れが高いマウンテンゴリラが暮らすアフリカ・ルワンダの火山国立公園は1925年に設立された歴史ある公園で、面積は約160平方キロになる。その石垣は、人口増加によって押し寄せる農地開発という巨大な波を必死で押しとどめているように見える。

国立公園と農場との間の石垣．すぐそばには炭焼きの施設がある

「僕が仕事を始めたころの公園はこの2倍の広さがあったんだ」――。大学卒業直後、20代の時からこの公園に関わり、今は44歳のプロスパーが言う。上ってきた道を見下ろすと、はるか眼下に広がる町まで一面の農地が続いているのが見える。

「ここまでは大変だったけど、後はもう少し。ゴリラはすぐそこにいるから」とトラッカーの1人が言う。火山国立公園では、森の中でゴリラを追跡し、研究者やガイドに彼らが前日、眠った場所を知らせるトラッカーのおかげで、観光客はほぼ確実にゴリラの姿を見ることができる。

トラッカーの言葉通り、石垣の向こうにはうっそうとした熱帯の森が広がっていた。鋭いトゲのある下生えを踏み、背の高い竹のトンネルをくぐって歩くこと約15分。「ここから持っていっていいものはカメラだけ。ゴリラはこの近くで食事している」とガイドの1人が指さす。斜面を少し下りた所で最初に目に飛び込んできたのは食事をする2頭の若いオスだった。その直後、突然木々が揺れ、黒い巨大な動物がゆっくりと姿を現した。1頭の若者オスが慌てて道を譲る。トラッカーの1人が「ウーッ、ウーッ」とのどの奥から絞り出すような声で巨体の持ち主に「あいさつ」をする。巨体の持ち主は一瞬、こちらに鋭い目を向けたが、何事もなかったかのように周囲の枝に手を伸ばし食事を始めた。人間にすっかり慣れているゴリラは、われわれを受け入れてくれた。大きな背中を覆う灰色の毛が熱帯の日光にきらめく。シルバーバックと呼ばれるゴリラの成獣の体重は、200キロになることもある。

アフリカの小国ルワンダ北西部、コンゴ民主共和国(DRC)とウガンダとの国境に並んでそびえるヴィルンガ火山群周辺の森林地帯がマウンテンゴリラの生息地で、ルワンダの火山国立公園、DRCにはヴィルンガ国立公園、ウガンダにはムガヒンガ・ゴリラ国立公園という3つの国立公園が設置されている。サビーニョ、ビソケ、ガヒンガなどの火山が連なる火山群で、一番高いカリシンビ山は標高4500メートルを超える。

成熟したゴリラのオス，シルバーバック

マウンテンゴリラはこの高山帯の森林地域でいくつかのグループに分かれて暮らしている。プロスパーが連れて行ってくれたのは「パブログループ」という集団で、5頭ものシルバーバックがいる。過去には名前の由来になっているパブロをはじめとして13頭ものシルバーバックがいたこともある大きなグループだったという。

森の中から姿を現し、食事を始めたシルバーバックの名前はギチュラシ。現在ナンバー2だが、最近トップのオス、キャンツビーの座を脅かしつつあるという。太い指を巧みに使って、周囲の葉をもぎ取り、次々と口に運ぶ。見る者を時折、ギロリと見つめる表情は迫力に満ちているが、その行動は至って静かだ。

「こちらに来い」とガイドに呼ばれて斜面をくだり、竹のトンネルを抜けたところには第1位のシルバーバック、キャンツビーと第3位のシルバーバック、クレバが寄り添って昼寝をしていた。周囲では食事をするメスのそばで、2頭の子どもがじゃれ合っていた。1頭は昨年生まれたばかりの子どもだ。

木の枝からぶら下がり、じゃれ合いながらゴリラの子どもが笑う。かつて「笑い」は人間に特有のものだと思われていたが、ゴリラ、チンパンジー、ボノボといった大型霊長類も、時には声を出して笑うことが分かってきた。ゴリラと最低でも7メートルの距離を置くのがここでのルールだが、好奇心いっぱいの子どもは人間を恐れずに近寄ってくる。

クレバがむっくりと起き上がると竹のトンネルの下に移動し、左右にある葉をもぎり取って食べ始める。こちらもなかなかの迫力だ。大きな牙がはっきりと見えるが、ゴリラは草食だ。

堂々としたシルバーバック、その周囲の若いオスやメス、人間の子どもさながらに笑いながらじゃれ合う子ども。マウンテンゴリラが絶滅危惧種であることを忘れてしまうような和やかな光景だが、ここにこぎ着けるまでには紆余曲折と多くの研究者の献身的な、時には命がけの努力があった。

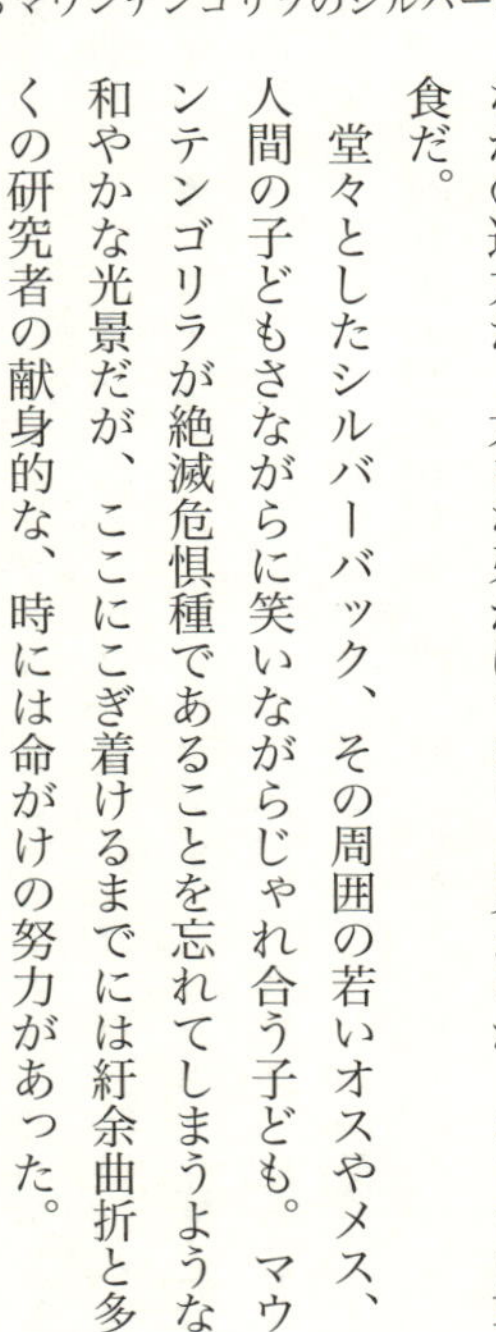
食事をするマウンテンゴリラのシルバーバック

## ゴリラには4つの亜種

ゴリラという類人猿が最初に種として記載されたのは18

47年にさかのぼる。米国の宣教師でナチュラリストでもあったトーマス・サベージが現在のガボン周辺で手に入れた類人猿の頭骨などを基に新種として報告した。当初、ゴリラは1種類で、アフリカ東部の低地にすむもの、ルワンダなどの西部にすむものとの3つの亜種があると考えられてきたが、その後、東部のゴリラと西部のゴリラには外見を含めて大きな違いがあることが指摘され、今では両者は別種として、それぞれヒガシゴリラ、ニシゴリラと呼ばれるようになった。ヒガシゴリラは低地のヒガシローランドゴリラとマウンテンゴリラの2亜種に分けられ、最近ではニシゴリラの中でカメルーンからナイジェリアにかけての森林地帯に生息するゴリラの個体群を、クロスリバーゴリラという、ニシローランドゴリラとは別の亜種だとするようになった。遺伝子の分析では、両者は1万8000年前に分かれたとされている。

ヒガシゴリラの1亜種のマウンテンゴリラの生息地はここで紹介した3カ国にまたがるヴィルンガ火山群だが、少し北にあるウガンダのブウィンディ地区にも個体群が存在する。これをブウィンディゴリラというもう1つの亜種とするべきだとの意見もあるが、多くの科学者の支持を得るまでの証拠はない。

ヴィルンガのマウンテンゴリラの保全のための研究を最初に始めたのは米国の自然保護団体、野生生物保全協会(WCS)の科学者のジョージ・シャラーで、1959〜60年にかけてのことだった。シャラーは山中に観測拠点を置き、険しい斜面を歩きながらゴリラの群れを追い、詳

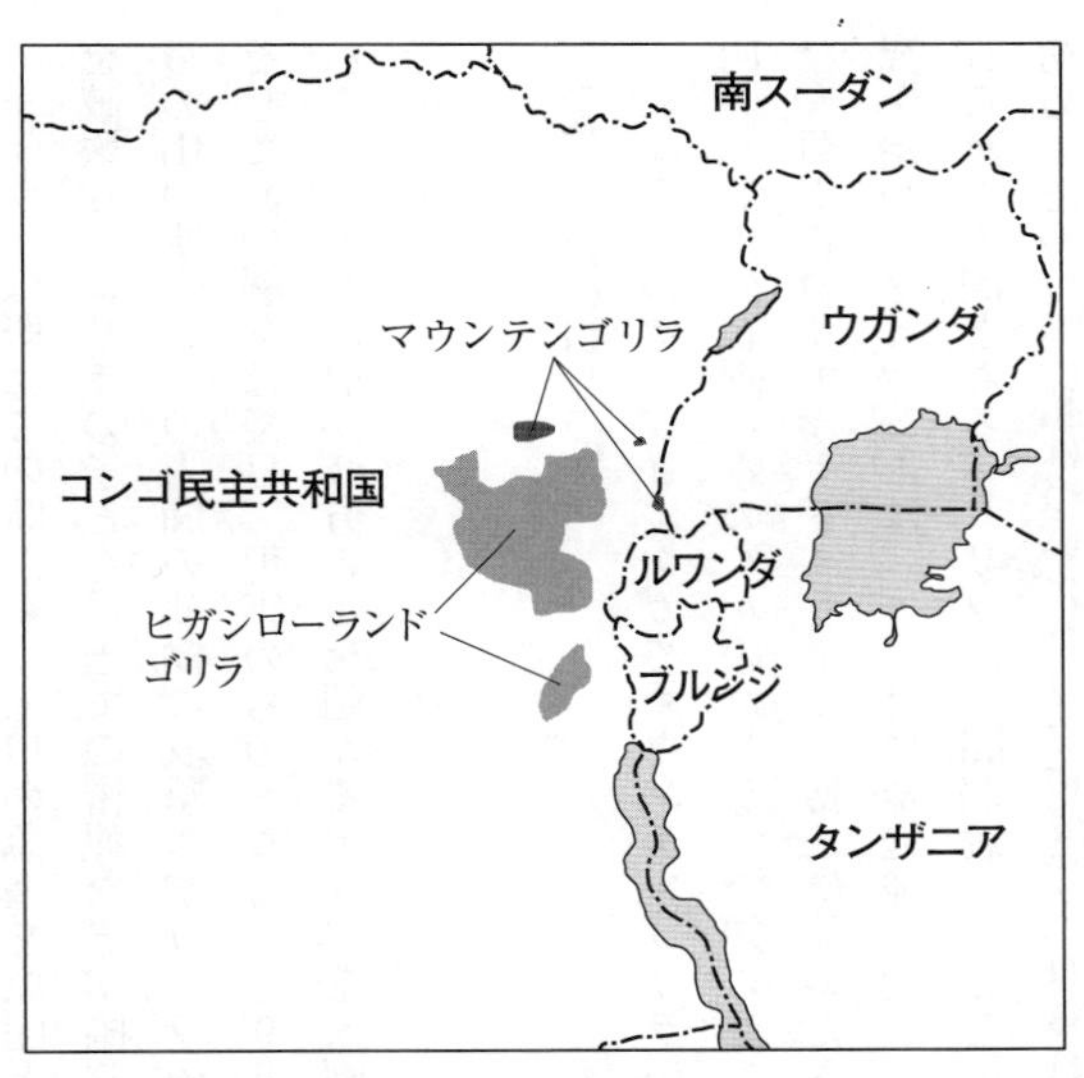

IUCNによる分布域

しい調査ができるくらいまでゴリラの群れに接近することに成功した。シャラーは、その食性や生態、集団の構造などを調べ、リーダーのシルバーバックをトップにグループ内に厳然とした順位があることなどを報告した。その経緯や内容は『ゴリラの季節』などに詳しい。堂々たるシルバーバックの行動、じゃれ合い、とっくみ合いをする子どもゴリラの状況、森の中を移動し、食事をするゴリラの平和的な姿など、そこに描かれているマウンテンゴリラの姿は、現在、われわれが観光客としてルワンダを訪れ、目にするマウンテンゴリラの姿と大きくは違わない。この地域に生息するマウンテンゴリラの数は約450頭、というのが、シャラーが行ったラフな試算だった。

シャラーは既にこの時から、人口の急増を原因とする農地や放牧地の拡大がゴリラの生息地を破壊し、ゴリラの子ども目当ての密猟などが国立公園内でも横行していることを指摘し「彼らの山のすまいへの人間の執拗な攻撃」がゴリラの生息に及ぼす悪影響への懸念を示している。そして彼の懸念は後日、現実のものとなる。1968年、農地開発を求める住民の声に耐えられなくなった政府が3分の1を超えるエリアを公園から除外し、住民の開発に開放したことがその典型例だ。

## 『霧のなかのゴリラ』

シャラーの次にヴィルンガでマウンテンゴリラの保護と研究に取り組んだのが、その著書と同タイトルの映画「霧のなかのゴリラ」で知られるダイアン・フォッシーだ。35歳の時、著名な人類学者のリチャード・リーキー博士に見いだされ、ヴィルンガのルワンダ側でゴリラの研究を始めたフォッシーは、ゴリラに辛抱強く近づいて警戒心を解き、初めてゴリラから手を触れられた人間となる。ゴリラに人間が近づくことを許させる「人付け」に成功したのは世界で初めてだった。「私はついにゴリラに受け入れられました」とフォッシーがその時の思いを伝えた電報をリーキーはいつも胸のポケットに入れていたという。

以来、フォッシーはそれまでほとんど知られていなかったゴリラの生態を次々に明らかにしていった。特にゴリラのコミュニケーションに関する成果はこれまでにないものだった。フォッシーは1967年に自らがルワンダに設立したゴリラの研究施設をカリソケ研究所と名付けた。カリシンビ山とビソケ山の間に位置したことにちなむこの研究施設は、さまざまな曲折を経ながらも今でもルワンダに存在し、マウンテンゴリラ研究の拠点の1つになっている。

彼女の研究の内容は13年間のゴリラ研究の成果を記した同書に詳しいのでここでは繰り返さないが、彼女はその冒頭で、キングコングのように凶暴な動物だとのイメージを長く持たれてきたゴリラについて「私の調査研究から、この威厳ある堂々とした大型類人猿――おだやかな性質であるのにいわれない中傷を受けてきた人間にあらざる霊長類――がじつにうまいやりかたで家族群を組織・維持しているらしいこと、また、以前には予想もしなかったさまざまの複雑な行動パターンをもっていることがわかってきた」と記している。

駆け出しの研究者だったころからフォッシーと行動を共にし、著書の中で「ゴリラの群れであればキャンプからどんなにはなれていようと調べられないものはなかったし、わなであればどんなに遠くにしかけられていても破壊できないものはなかった」と評されたイアン・レドモンドによると、フォッシーの日々は研究の日々である以上に、密猟者らゴリラの生存を脅かすものとの戦いの日々であった。

動物園や飼育施設向け、あるいはペット向けにゴリラの子どもを捕獲して売ったり、グロテスクな土産物として珍重されたゴリラの頭部や手のひらを取ったりするために多数の密猟者が公園内に出入りし、住民は食料目当てに公園内に動物を捕るための罠を仕掛けた。フォッシーの著書の中には、密猟者がゴリラ以外の動物を捕るために仕掛けた罠が足に食い込んでできた傷がもとで徐々に衰弱し、ついには死んでしまったゴリラの子どものことが、写真とともに詳しくつづられている。

## 300頭以下に

シャラーが450頭と推定したマウンテンゴリラの個体数について、フォッシーが行った1971〜73年の調査では、275頭と著しく減少していた。深刻な密猟が続く中、マウンテンゴリラはまさに絶滅寸前の状態にまで追い込まれていたのだ。

フォッシーはこれらの密猟者や罠を仕掛ける住民に厳しい姿勢で臨み、厳罰を要求し、時には自分で罰をくだし、怠惰で腐敗したルワンダの役人とも厳しく向き合った。

この姿勢は78年1月、子どものころから彼女と親しく接し、成長してからは群れを率いるシルバーバックとなったゴリラのディジットが密猟者に殺され、頭部と手のない死体となって見つかった時からさらに顕著になったという。彼女自身、著書の中で「このとき以来、私は自分の内に引きこもって生きるようになってしまった」と書いている。ディジットの他にもフォッシーが愛した2頭のゴリラも密猟者の銃弾によって相次いで殺された。

彼女と深い親交があり、ボルネオでのオランウータンの調査と保護の先駆者であるビルーテ・ガルディカスは著書の中で「その時から科学者ダイアンは活動家となり復讐のエンジェルになった」と記している。肺に持病があったフォッシーは悪化する健康状態の中、孤独にゴリラを守り、密猟者らとの戦いを続けた。

ディジットの名を冠した基金が主に先進国の市民からの寄付でつくられ、雇用されたパトロール隊員は1年半で4000個の密猟用罠を破壊したという。密猟者を捕らえたら漏れなく裁判で有罪とし、長期間、刑務所に収監すべきだ、というのが彼女の姿勢だった。

マウンテンゴリラの数は76〜78年の調査では268頭、81年に行われた3度目の調査では254頭と減少傾向が続いていた。「このままでは15年もしないうちに彼らは絶滅してしまう」というのがフォッシーの意見だった。

## クリスマスの惨事

既に彼女はゴリラ研究で博士号を取得していたが、科学だけではゴリラを救えないことも理解していた。彼女は、ルワンダ、DRC（当時のザイール）政府に欧米の環境保護団体などが協力して始めた、ゴリラの普及と、時には啓発や観光業の推進を通じて保全と経済成長の両立を目指す大プロジェクトを「理論的保全」と、内々には「漫画のような保全」と呼んで否定し、森の中深くに分け入り、罠を破壊し、武器を押収し、密猟や違法取引に関わるものを摘発し処罰する「アクティブな保全」の重要性を提唱した。『霧のなかのゴリラ』の後章は、フォッシーやルワンダの保護関係者が密猟者を摘発する情景に割かれている。そこには逮捕された密猟者の家族が稼ぎ手を失って泣き叫ぶさまが描かれ、逃げていた大物密猟者が死んだことが歓迎をもって記されている。彼女の手法には仲間の研究者からも批判が上がり、多くの学生も離れていったという。そして当然ながら、彼女の行動は多くの敵を生んだ。

よく知られているように、フォッシーは1985年のクリスマスの翌日、カリソケ研究所の中で他殺体となって発見された。さまざまな臆測があるが、事件は未解決のままである。フォッシーは研究所内、彼女が愛したディジットの隣に葬られた。墓石には「誰よりもゴリラを愛していた」との言葉が刻まれている。

## 【コラム】 山極寿一とダイアン

ゴリラ研究で世界的に知られる京都大学総長の山極寿一の指導者は、ゴリラ研究の先駆者、ダイアン・フォッシーだった。山極はその後、ルワンダの内乱で調査ができなくなり、隣国のDRCにあるカフジ・ビエガ国立公園でゴリラの調査を行うことになった。

山極は共同通信に寄せた文章の中で「そのとき、心に誓ったことが二つある。フォッシー博士の悲劇を繰り返さないために、現地の研究者を育てること、地元の人々と協力してゴリラの保護を推進することだ」と書いている。後で紹介する「ポレポレ基金」という非営利団体の設立なども その考えに基づくものだ。山極は、『霧のなかのゴリラ』の日本語版の解説の中で、フォッシーが後に「ジュイチ、あなたは私と一緒に仕事をしなくて幸せだったわね」と語ったとのエピソードを紹介している。彼は、地域の住民が積極的にゴリラの保護に取り組めるような方策を模索せずに、法の力を借りて密猟者を一方的に拘束することや「名だたる密猟者の死」を喜ぶフォッシーの姿勢には批判的だ。

山極は解説の中で「フォッシー博士が銃をもたずにゴリラたちに近づいたように、私たちも武装せずに猟人たちと接近し合い、ヴィルンガの将来について語り合わねばならない。理念的対立をどちらかの屈服によって解決するのではなく、夢のある一致点を見つけ出すことが必要である」とも記している。筆者も取材の中で、山極をはじめ多くの霊長類学者が、このような姿勢で保護の取り組みに臨もうとしている姿を目にしてきた。

## 内戦を超えて

フォッシーの活動やそれを伝えるメディアの報道などがきっかけの1つとなってマウンテンゴリラに対する国際的な関心も高まり、1970年代の後半から80年代にかけて個体数の調査や獣医師らによる保護活動が始まる。90年代に入るころにはゴリラ目当てのエコツーリズムが盛んになり、ルワンダの貴重な収入源とされるまでになった。ゴリラツーリズムは、ゴリラの「人付け」に成功したフォッシーの業績なしには成立しなかった。

だが、ちょうどそのころからルワンダ国内では民族対立に端を発した紛争が起こるようになり、ルワンダのマウンテンゴリラは厳しい状態に置かれる。90年、92年と相次いで勃発した武力紛争の中で、ゴリラが殺される例があったことが報告されている。94年には100万人近くの人が虐殺されたとされるルワンダ内戦が勃発し、約100日間続く。この間、カリソケ研究所のルワンダ人スタッフやトラッカーの多くが難民として隣国のDRCに逃れることになり、家族を失った人もいた。当然、研究活動も保護活動も中断を余儀なくされたが、厳しい戦乱の中でもスタッフは可能な限りゴリラを密猟者から守るトラッキングを続けたという。ルワンダの内戦が国内の国立公園の生物多様性に大きな打撃を与えたことが報告されているが、火山国立公園の環境とゴリラにどのような影響を与えたかに関する調査はほとんど行われていない。

だが、幸いなことにマウンテンゴリラは悲惨な内戦を生き延びた。この間、目立った個体数の減少はなかったとされている。現場が首都のキガリから遠く離れ、近くの町、ムサンゼからも遠かったこと、ゴリラの生息地はDRCやウガンダと一続きであったこと、武力衝突した両派とも観光資源としてのゴリラの価値を知っていたことなどがその理由としてあげられる。だが、内戦で、芽生え始めていたゴリラ観光は完全に中止を余儀なくされ、国立公園の再開は99年まで待たなければならなくなる。

### ツーリズムの隆盛

内戦後のルワンダには多額の国際援助が流れ込み、カガメ政権はさまざまな革新的な政策によってルワンダを「驚異的」と呼ばれる復興に導いた。二十数年前、多数の死体があふれていた首都キガリは今ではアフリカで最も清潔で安全な町と呼ばれるまでになった。数年前には中国資本によって巨大な国際コンベンションセンターが建設され、多くの国際会議が開かれる。隣接する高級ホテルのバーにいると、自分がアフリカの途上国にいることを忘れそうになる。

ゴリラツーリズムは国際的な人気を博し、1日1時間限りで750ドルという高額の料金を支払ってでもマウンテンゴリラを見に来る観光客で連日、賑わっている。トラッカーもガイドもレンジャーも組織的で能力が高く、観光客はほぼ確実に絶滅危惧種のゴリラの生態を目の当たりにすることができる。ゴリラと生息地が重なる別種の霊長類、ゴールデンモンキーのツー

世界中からやってくるゴリラツアーの参加者

ゴリラが食べる植物をかじってみせるゴリラツアーのガイド

リズムも人気を呼びつつある。

過去の調査では400頭余りとされたマウンテンゴリラの個体数は2016年に発表された調査では880頭にまで増えたとされた。ルワンダ政府の担当者は「ヴィルンガの森にはまだまだ収容力があるので、ゴリラの数はこれからも増えるだろう」と自信を示す。多くの大型類人猿の絶滅の危機が高まる中、ルワンダのマウンテンゴリラの保全とツーリズムによる利用は「保全の大きな成功事例だ」と評価されるまでになった。

火山国立公園の麓の町、ムサンゼでは毎年9月、それまでの1年間に新たに生まれたゴリラの子どもに名前を付ける「命名セレモニー」が開かれる。時にはカガメ大統領も出席し、ゴリ

親の背中に乗るゴリラの子ども

ゴールデンモンキーを観察するツアーの参加者

絶滅が心配されているゴールデンモンキー

年に1度，開かれる子どもゴリラの命名セレモニー．2016年は巨大なゴリラの模型がつくられ，カガメ大統領も出席した

ラの保全に協力した国内外の関係者が名付け親として招待される。首都の空港や大通り、ムサンゼに向かう国道などにはゴリラの写真があふれ、1万人を超える住民らが参加する一大セレモニーだ。２０１６年の対象は22頭の子どもで、セレモニーにはカガメ大統領も出席して、ルワンダにとってのゴリラの重要性を強調し、保護活動を成功に導いた関係者の努力をたたえた。

## 観光業の影響

ルワンダのゴリラの将来は明るいようにみえる。だが、増えたといってもその総数はまだ９００頭弱だし、ルワンダにも不安要素は少なくない。その1つは依然として残る貧困と人口の急激な増加だ。ルワンダは２万６３００平方キロという北海道の3分の１程度の広さの小国だが、そこに北海道の人口の約2倍の１１７８万人が暮らしている。人口密度はアフリカで最も高い上に年率２・７％というかなりの高率で人口が増え続けている。しかも国土は山がちだ。

ゴリラ観光に訪れる海外の観光客向けのホテルやレストランが建ち並ぶムサンゼの町を出て、車でヴィルンガに向かうとすぐにその光景は一変する。ほこりっぽい道の両側にはどこまでも農地が広がり、水をくむための容器を頭に乗せた民族衣装姿の女性や子どもたちが多数、行き来する。中には裸足の子どももいる。首都キガリやムサンゼの繁栄とは無縁の貧困がここでは深刻だ。冒頭で紹介したように貧困は国立公園のすぐ近くまで押し寄せ、公園と農地を隔てるバッファーゾーンは存在しない。当然、公園は増え続ける人口という圧力にさらされている。気候変動との関連が指摘されている旱魃や豪雨などの自然災害も増える傾向にあり、多数の貧しい農家が1日にしてすべての生活の糧を失うことも増えているという。急速な経済発展の中で、都市部の富裕層と僻地の農民との格差が急激に広がっている。新たな土地を求める農民の声に抗することは政府にとっても極めて難しい。

公園長のプロスパーは「ゴリラも時には畑に出て作物を荒らすことがあるが、もっと大きな問題は公園内にすむバッファローによる農作物被害だ。バッファローの出没は頻繁で、被害はゴリラによるものの比ではない。農家の不満は高まっている。被害を受けた人々に、それでも国立公園が必要なのだと理解してもらうことはどんどん難しくなっている」と話す。ゴリラ観光による収入の一部は地元に還元され、飲料水をためるためのタンクや学校、集会場などの建設費に充てられるが、関係者によるとその額は総収入の10%にも満たないという。

「単なる観光収入だけでなく、ゴリラに関連した新しいビジネスを起こし、収入をさらに増やす必要がある」というのがプロスパーの意見だが、これもなかなか難しい。

ダイアン・フォッシーが憎んだワイヤー製のくりわなによる公園内での密猟もいまだに深刻だ。これはアンテロープなどを捕獲するためのものでゴリラを狙ったものではないが、わなに引っかかって手足を失ったり、傷が原因で死んだりすることもあるので類人猿にとっては非常に危険だ。カリソケ研究所とそれを運営するダイアン・フォッシー基金のトラッカーたちにとって、森の中で違法なわなを見つけて破壊することは今でも重要な仕事の1つで、発見されるわなの数は1年間に約1000個に上る。関係者によるとその数は近年、増えつつあり、限

頭上に収穫物を乗せて歩く農民. ここではまだ貧困が深刻だ

急な傾斜地につくった農地を耕す

られた人員を密猟防止だけのために割かねばならない状況も生まれている。

カリソケ研究所によると、幸いなことに2016年にはわなに手足を取られたゴリラはいなかった。だが、これは過去10年間でたった2回のことだったという。12月末にはトラッカーがゴリラの群れのすぐ近くでわなとわなにかかったダイカーという小型のアンテロープを発見し、ゴリラの見ている目の前でわなをはずし、ダイカーを逃がしてやるという事例もあった。違法なわなは依然としてゴリラにとっての脅威であり続けている。

## 地元の力

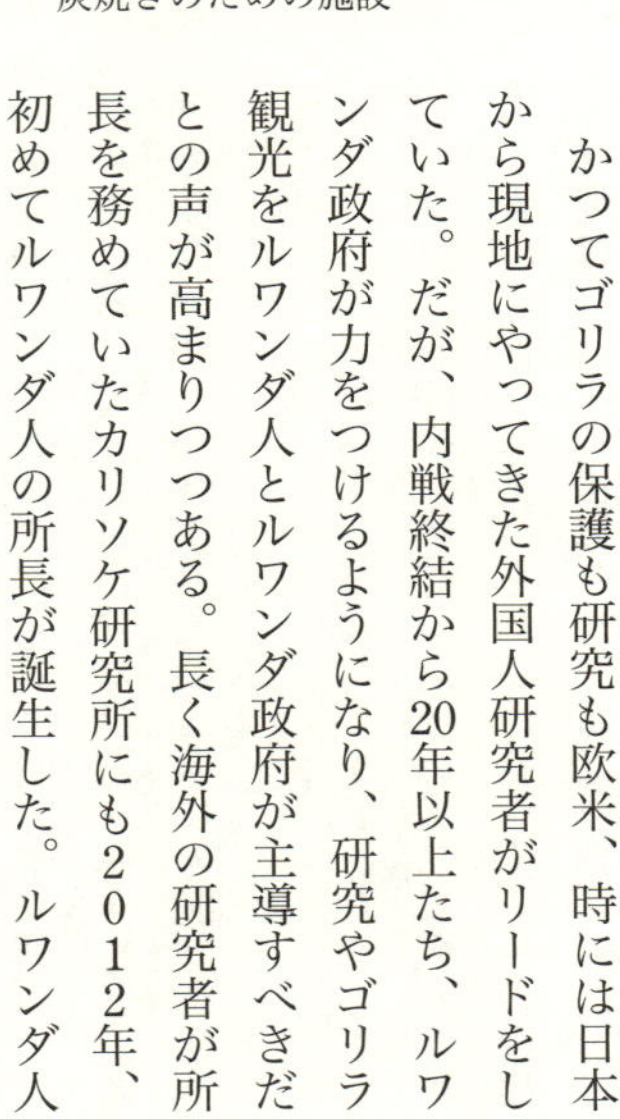
山岳地帯の農地につくられた炭焼きのための施設

かつてゴリラの保護も研究も欧米、時には日本から現地にやってきた外国人研究者がリードをしていた。だが、内戦終結から20年以上たち、ルワンダ政府が力をつけるようになり、研究やゴリラ観光をルワンダ人とルワンダ政府が主導すべきだとの声が高まりつつある。長く海外の研究者が所長を務めていたカリソケ研究所にも2012年、初めてルワンダ人の所長が誕生した。ルワンダ人の所長を持つべきだというカガメ大統領の強い意見の反映だとされている。研究や保護面でのルワンダの対応能力が向上してきたことの表れでもあるので、これ自体は歓迎すべきことだろう。だが、同時にツーリズムに対するルワンダの政府の関与が強まったことの負の側面を指摘する研究者もいる。

筆者は2011年にもゴリラ保護と研究、ツーリズムの取材でヴィルンガを訪れたことがある。森の中に横たわっていた巨大なシルバーバックは食事の後、突然、近くのメスに乗りかかって交尾を始めた。生まれたばかりの双子をしっかりと両手に抱きしめる母親、大人の背中に這い上がったり、木に登ったりして遊ぶ子どもの姿はこれまで目にしたどんな動物の子どもよりも愛らしかった。中にはどこで拾ったのか軍隊のヘルメットを常に持って歩いて、それをドラム代わりにして両手で上手に叩いてリズムを取る子どもまでいた。それを目にしてヘルメットをその子から取り上げてしまう少し年上の子どもが現れるところなど、まるで人間の子どもたちそっくりだ。巨大なシルバーバックを中心にしたゴリラの群れが森の中で平和に暮らす姿は、高い料金を払い、遠くの国からやってくるだけの価値があると思った。

だが、当時の料金は1日1時間で450ドルと現在より300ドル安かった。ゴリラの生息地に入る前にはさまざまな注意事項のブリーフィングを受けた。中でも重要だったのは、ゴリラには「7メートル以上近づかない」というルールだった。ツーリストのベースにはゴリラの人形と長さ7メートルの材木が並べて置かれ、すべてのツーリストはそこで7メートルという距離を実感した上で、森に入ることになっていた。観光客に開放されたゴリラの群れは人付けが進んだ8グループに限られ、参加できる観光客の数も1グループ当たり8人だけ、研究者が研究のために追跡するグループとは厳密に区別されていた。ゴリラのそばについたらガイドの

双子のゴリラ

ヘルメットをかぶった子どものゴリラ

指示には必ず従わねばならず、そばで接触の時間を計るガイドがいるほど時間の管理も厳密だった。

だがその5年後には、かつての研究用グループも含めてほぼすべてのグループが観光客に開放されていた。各グループに参加する観光客の数も「かなりフレキシブルに」(当局者)なっており、中には8人を超えるケースもあるという。「7メートル教習」の場にゴリラの人形はまだ立っていたが、7メートルの材木は見当たらなかった。大きな収入源であるゴリラ観光の参加者を増やしたい、という誘惑は小さくない。

この目で確かめた訳ではないが、トラッカーの間では、観光客がゴリラに時には1〜2メートルまで近づくケースが近年増えて、これが問題とされているという。ガイドにしてみれば観光客に少しでもいい思い出を残してもらいたい、との気持ちがあるだろうが、高額のチップをもらいたい、との思いもないわけではないだろう。

しかもここでは一部の類人猿ツーリズムで義務づけられているようなマスクの着用も義務づけられていない。観光客がゴリラに接近しすぎれば、インフルエンザなど人間の病気をゴリラに移すリスクも、不慮の事故が起こるリスクも拡大する。エコツーリズムは類人猿の保護と地元の経済発展を両立させる重要な手段で、ルワンダはその偉大な成功例だ。だが、相手は絶滅危惧種の大型野生動物である。そこには節度とルールがなければならない。

## 高まる危険

ルワンダでゴリラの命名セレモニーやゴリラの現場取材などを終えて火山の麓の町、ムサンゼのホテルでコンピューターを開いた２０１６年９月４日、国際自然保護連合（ＩＵＣＮ）のプレスリリースが電子メールで送られてきた。「大型霊長類６種類のうち４種が絶滅寸前のところまで追い込まれている」――。それがリリースのタイトルだった。

２日前に目の前にいたマウンテンゴリラとヒガシローランドゴリラという２つの亜種からなるヒガシゴリラの個体数が急減していることが分かり、３ランクある絶滅危惧の危険度が、これまでの２番目から、１番上の「近い将来の絶滅の危険性が極めて高い種」に「格上げされた」という内容だった。マウンテンゴリラの個体数は安定しているものの、ＤＲＣなどにすむヒガシローランドゴリラの状況が悪化していることが主な理由だった。

これで最も絶滅の危険度が高い種とされている大型霊長類はヒガシゴリラ、ニシゴリラと後章で紹介するスマトラオランウータンとボルネオオランウータンの４種となった。残るボノボとチンパンジーは２番目の危険度ランクで「近い将来の絶滅の危険性が高い種」である。大型類人猿を取り巻く状況は悪化が続いている。次節では、絶滅の恐れが高まっている他の３種のゴリラの状況を紹介する。

## 第2節　低地のゴリラ

「私がコンゴにいたとき、コンゴ軍の兵士がやってきてゴリラを撃つようにと言ってきた。肉が手に入ったら一緒に分けようと言うこともあったし、ただ、武器をくれることだけのこともあった。木の上にいたシルバーバックのゴリラを撃った。500ドルで売れるという人もいたが、そんな金を払う人を見たことはなかった。撃ったゴリラはコンゴ人の兵士に売った」――。ルワンダから戦乱を逃れてコンゴ民主共和国(DRC)に逃げ込んだサミュエルは、2010年に発表された国連環境計画(UNEP)の報告書の中で、コンゴにいたころのこんな経験を語っている。報告書は、マウンテンゴリラと並ぶもう1つのヒガシゴリラの亜種、ヒガシローランドゴリラの個体数が急減していることを受けてUNEPが組織した調査チームによるもので、若いころ、ダイアン・フォッシーとルワンダでマウンテンゴリラの研究に従事し、ディジットの死体の第一発見者となったイアン・レドモンドも加わった。

### 最大の霊長類

ここで取り上げられているゴリラは、ヒガシゴリラのもう1つの亜種のヒガシローランドゴリラである。シルバーバックの体重は220キロを超えることもあり、4つのゴリラの亜種の中では最大で、現存の霊長類の中で最も大きい。

ヒガシローランドゴリラは、DRCの東部だけに生息するゴリラの亜種で、低地の熱帯雨林から高地の山地林までさまざまな環境に適応して暮らしている。かつての分布域はDRC東部を中心とする広い範囲で、その中にマイコ国立公園、カフジ・ビエガ国立公園などいくつかのゴリラの保護を主目的とする保護区が設けられているが、保護区以外の生息域も少なくない。保護区の中で最も有名なのは、当時のモブツ政権がゴリラが生息することを理由に1970年に設置した600平方キロのカフジ・ビエガ国立公園で、72年には世界自然遺産となった。75年には公園の面積は一挙に10倍に拡大され、政府はゴリラをキーにした観光業の推進に積極的な姿勢だった。

ヒガシローランドゴリラの個体数の推定を最初に試みたのも、前節で紹介した米国のジョージ・シャラーらである。1963年の論文でシャラーは5000～1万5000頭というおおざっぱな推計を示している。95年にはその後の調査結果をまとめ、1万6900頭（8660～2万5500頭の範囲）という試算結果が発表されている。

## 携帯電話とゴリラ

UNEPの研究チームがさまざまなインタビューや現地調査から明らかにしたのは、ダイヤモンドやコルタンといった天然資源の採掘、森林の伐採、木炭生産などいずれも違法な「環境犯罪」と、そこからの利益をめぐる政府側やさまざまな武装勢力との紛争が、ゴリラの個体数減少の大きな理由になっているという事実だった。

報告書によると、DRC東部のヒガシローランドゴリラの生息地のほとんどが、反政府武装勢力の支配下にあるか、影響力が強い地域かで、中央政府のコントロールはほとんど及んでいない。そしてこの地域には国立公園の内外を問わず、多数の金鉱山、コルタンやキャシテライトという鉱物の鉱山が多数存在し、採掘活動が環境破壊を招いている。コルタンやキャシテライトの鉱山は、特にヒガシローランドゴリラの重要な生息地として保護されているはずのカフジ・ビエガ国立公園内部とその周辺に多い。コルタンはタンタルという元素を含む鉱物だ。タンタルは耐久性が高く電気を蓄える上で優れた特性を持っているため、電子部品の小型コンデンサーに広く使われる。携帯電話やパソコンにはほぼすべてタンタルコンデンサーが使われていると思っていい。キャシテライトはスズ酸化物の鉱物で、スズの原料になるほか装飾品にも使われる。タンタルもキャシテライトも近年、先進国を中心に需要が急増しており、これが環境保全に配慮しない採掘に拍車を掛ける原因になっている。報告書はこの地域で採掘されたコルタンやキャシテライトをオランダやベルギー、オーストラリアなどの多国籍企業が購入し、世界市場に流通させていることを指摘、「コンゴ(民主共和国)東部の鉱物が紛争の中心にあり、欧州連合(EU)やアジアの企業からの資金がこの地の環境犯罪やゴリラの生息地破壊、残虐行為が続いていることの重要な要素になっている」と警告した。当然、日本にもこれらの製品が輸入されていると考えていいので、日本での消費もゴリラの生息地の破壊とつながっているということになる。

### 「森の肉」

報告書はまた「ブッシュミート取引で殺されることがゴリラの個体数減少の主要な原因の1つだ」とも指摘している。もともとこの地域の先住民にとってはゴリラも狩猟の対象で貴重なタンパク源となっていた。だが、近年のブッシュミート取引はこのような消費や狩猟とは大きく異なる。森林伐採や鉱物の採掘のためのキャンプで働く多数の労働者、反政府武装組織や民兵、周辺国の政情不安が原因の難民やDRC国内の難民、急増する都市部の人々の需要などをまかなうために、ブッシュミート目当ての狩猟が急拡大し、大量のブッシュミートが取引されるようになった。これが生物の個体数の減少を招き、多くの国立公園で生息していた動物の80%がいなくなったとのデータもあるほどだ。多くの生物がすむ広大な熱帯林が広がるコンゴ川流域は世界のブッシュミートハンティングの一大中心地で、コンゴ川流域で取引されるブッシュミートの量は年間最大500万トンに上るとの試算もあるほどだ。もちろん、ゴリラを含む大型霊長類の肉はブッシュミートのごく一部で、全体の0・5〜2%を占める程度とされているが、個体数が少なく、繁殖と成長に時間がかかる生物であるだけにその影響は大きい。報告書には「この地域で毎年殺されるゴリラの数は年間で最大300頭に上る可能性がある」との2009年に環境保護団体が行った調査の結果や、DRC北西部で総個体数の5%に当たる年間62頭のゴリラが殺されているとの推定結果も紹介されている。

カフジ・ビエガ地区で長くゴリラの生態研究を続け、ゴリラ研究の世界的権威となったのが京都大学の山極寿一だ。山極はこの国立公園で1999年にゴリラが次々に殺され「その肉が牛肉より安い値段であちこちの露天市に登場する事態が起きた」と報告している。山極によると、直接の引き金は88年に発生したDRCで2回目の大規模な内戦だ。反政府勢力がこの地域を支配し、公園のレンジャーも武装解除されたために密猟が横行し始め、ゴリラが標的になった。不幸なことにここにはゴリラツアーや研究のために「人付け」されたゴリラが多数おり、これが最初のターゲットにされた。ツアーの対象になっていたゴリラが武装集団に襲われ、「ころされたゴリラは皮を剝がれて燻製肉にされ公園周辺の市場に出回り始めた。これは狩猟の目的がその日しのぎの現金であったことを物語っている」と山極は記している。山極によると、人付けされていた4集団96頭のゴリラは99年7月には8頭に減り、個体識別されていたゴリラ94頭は1年間で30頭にまで激減したという。

山極は「それまでゴリラは地元の将来にとって貴重な観光資源と考えられてきた。そのため公園に反感をもつ人々もゴリラを撃つことだけは自粛してきた。今回の事件はこの自主規制が崩れたこと、地元の人々が野生生物と共存できるような将来を構想することができなくなっていることを示唆している」と指摘している。残念ながらこの傾向はその後も大きく変わってはいないように見える。

### 木炭製造

木炭目当ての違法な森林伐採も深刻で、これに木材目当ての伐採が加わってゴリラの生息地を破壊していることも指摘されている。ＤＲＣの木炭取引の規模は年間３０００万ドルという巨大な規模だ。木材目当ての森林伐採は東部よりも次節で紹介するニシゴリラの生息地であるＤＲＣ西部やコンゴ共和国、カメルーンなどでより深刻だが、ヒガシローランドゴリラの生息地周辺でもかなりの部分の伐採権が企業に売り渡され、反政府組織の支配地でも同様のことが行われている。さすがに国立公園の中の森林の伐採許可が出されることはないが、報告書は「違法な伐採を禁じる法律を執行する力は弱いため、往々にして価値ある木々が残る国立公園の中でも森林伐採が行われ、これが正規の許可を得た伐採地からの木材だとして海外に輸出されている」と指摘した。合法的な取引だとして報告される量とほぼ等しい量の木材が違法に伐採されているとの試算もある。最大の輸出先は中国で、DRCの木材の38%が中国向けだったが、日本もコンゴ川流域からの木材の主要な輸入国の1つである。この地で違法に伐採された木材や木材製品が日本国内で流通していないと考える理由はない。

### 資金源

UNEPの報告書によると、ゴリラの生息地を支配する民兵組織や反政府組織は道路にチェックポイントを設けて通行税を徴収したり、木炭産業や鉱物産業からの税金を徴収したりする形で大きな利益を上げ、それが紛争を悪化させる一因となっている。木炭産業から民兵組織が徴収する税金だけで年間400万ドルというのだから、その規模の大きさが分かるだろう。これらのルートで国際市場に流れる鉱物や木炭の量はDRCから正式に輸出される量の2~10倍に上り、その規模はルワンダやブルンジなどの周辺国を含めて数億ドルに達すると試算されている。コルタンや金、ダイヤモンド、木材などの最終的な市場は欧州や中東、中国などのアジア諸国だ。

UNEPは2002年にDRCの森林伐採のペースなどを基に「2032年には人間の手が

及ばないゴリラの生息地はもともとの生息地の10%程度になってしまうだろう」との試算を発表していた。「だが、違法な伐採や木炭製造、ブッシュミートハンティングや鉱物採掘などのことを考慮に入れれば、この予測は楽観的過ぎた」というのが今回の報告書の結論で、「思い切った対策を取らない限り早ければ2020～25年には、ゴリラのほとんどの個体群が絶滅してしまう可能性がある」とDRC政府と国際社会に保護対策の強化などを求めた。

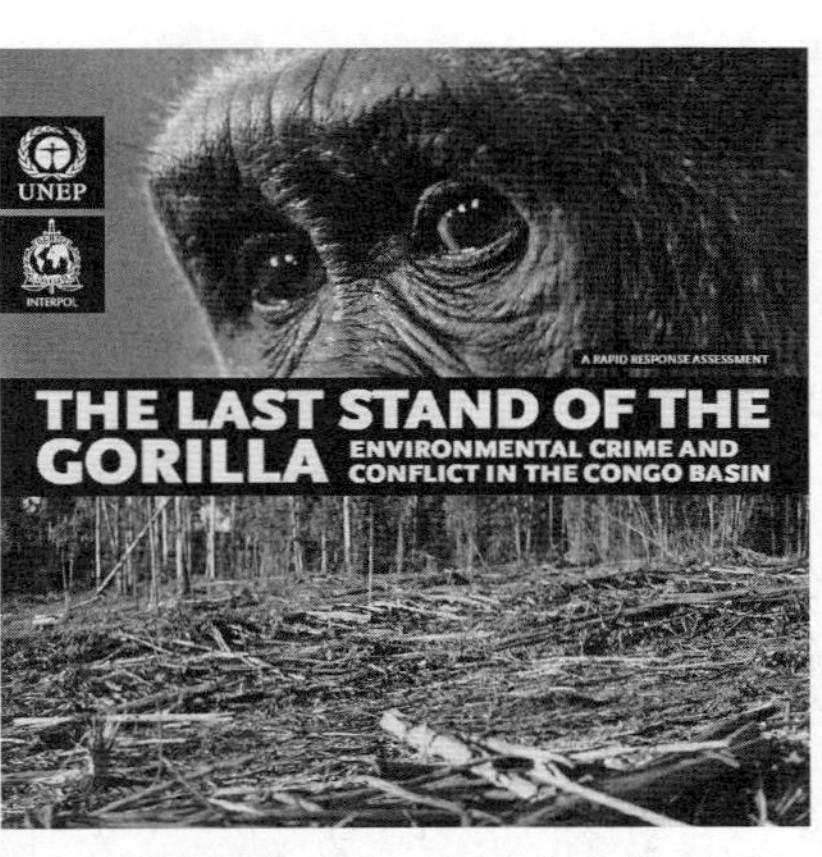

国連環境計画の密猟に関する報告書の表紙

## 地元民とともに

厳しい状況が続く中、それでも2000年以降から、ほそぼそとしたものではあるが、DRCのヒガシローランドゴリラの保護や研究は続けられてきた。1999年に発生したゴリラの大量殺害にショックを受けたDRCの公園当局は、密猟者に対し「密猟をやめることを宣言するなら、過去の密猟は罪に問うことなく、公園のレンジャーなどとして雇用する」と呼び掛けた。山極によると、67人の密猟者のうち45人がこの呼び掛けに応じて、公園の職員として働くことになり、以降、カフジ・ビエガでの密猟は激減したという。

山極はこの地でこの事件が起こるかなり前からゴリラの研究とともに保護活動を進めている。91年以降、DRCの政情が不穏になり、96年からは内戦が始まって思うように調査ができなくなる中、92年、地元住民と協力して「ポレポレ基金」という非営利団体を立ち上げ、ゴリラと人との共存へ向けて自然保護活動を始めた。山極によると「ポレポレ」という言葉はスワヒリ語で「ゆるゆる」、関西弁で言う「ぼちぼち」という意味で、成果を焦らず、ゆっくりと運動の輪を広げていこうという気持ちを込めたものだという。

国立公園が設定されたためになんの補償もないまま立ち退かされた住民、保護区から出てきたイノシシなどによって農作物を荒らされてもなんの補償も受けられない農民などの間に国立公園への反感が高まっている状況をどうにかしようと考えたことが基金設立のきっかけだったという。以降、ルワンダから流入してきた難民に薪を配って燃料目当ての伐採のために公園内の木を切らないように働きかけたり、狩猟採集民の妻などを集め裁縫を教えて公園の制服を仕立てる事業を始めたりした。密猟者を公園で雇用するというのもポレポレ基金のメンバーからのアイディアだったという。山極は93年に基金の日本支部をつくり、募金やグッズの販売などによって現地の活動を支援している。

### 77%も減少

内戦や政情不安によって山極ら海外の研究者はDRCからの撤退を迫られ、長くゴリラの生息調査も行われていなかったが、2015年、野生生物保全協会(WCS)、ファウナ・アンド・フローラ・インターナショナル(FFI)がDRC政府の機関と協力して、生息地全域でさまざまな手法によるヒガシローランドゴリラの個体数の推定を試みた。2010〜15年のさまざまなデータを基にまとめたその結果は「ゴリラの推定個体数はわずか3800頭(1280〜9050頭の範囲)で、1995年の推定個体数の約1万7000頭から77%も減っていた」というショッキングなものだった。研究グループは、ゴリラの個体数急減の大きな理由として、金やダイヤモンドのほか、携帯電話などの製造に欠かせないコルタンやコバルトなどを採掘する小規模な鉱山の拡大が続いていることを挙げ、法律の執行体制の強化や新たな保護区づくりのほか、違法な鉱物を購入しないような企業の努力がゴリラの保護には欠かせないと指摘した。

前節最後で紹介したように、国際自然保護連合(IUCN)が2016年9月、ヒガシローランドゴリラの絶滅危惧のランクを最も危険度の高い種に格上げしたのは、これらのデータに基づくものだ。

度重なる内戦や政情不安と人口増加の圧力にさらされながらも、ヒガシローランドゴリラはかろうじて生き残ってきた。命がけで国立公園を守ろうとするレンジャーとそれを支える研究者や市民団体の努力の結果だったのだが、それは低空飛行を続けながら徐々に高度が下がっていく飛行機を思わせる。墜落する前にこれまでとは違う思い切った保護対策を取ることが重要だろう。人間の明日の命さえ分からない、という中でゴリラの保護にはなかなか手が回らない。この地域のゴリラの将来のために何よりも重要なのは、政情を安定させ、ここに暮らす人々の将来を安心なものにすることを目指したＤＲＣの人々の努力、それを支える国際的な支援だと思う。

## 第3節　湿地のゴリラ

湿地帯を小さな川が網の目のように流れるのが見え、ところどころに小さな池も見える。森の中から1頭のゾウが巨体を揺すって現れ、池に向かって足を進めた。自分より体の大きいゾウに威嚇された先客のゾウが、慌てて水から上がり隣の池に逃げ出す。2頭のゾウの声が周囲の空気を震わせ、灰褐色の巨体が水をかくガボガボという音と重なり合う。ゾウは長い牙を日の光に輝かせながら、頭を池の中にすっぽりと沈め、ミネラル分が豊かな池の底の堆積物を、鼻を使って巧みに口に運ぶ。

少し離れた草地では10頭のゴリラの家族が食事中だ。巨体を湿地の中にどっしりと落ち着け周囲を見回すシルバーバック、母親の背中に乗った子どもや、じゃれ合う若い2頭のゴリラ、双子をじっかりと両手で抱いた母ゴリラの姿が遠目にも分かる。ゴリラは森と湿地帯の切れ目近くに座って、いつまでものんびりと過ごしていた。

アフリカ中央部のコンゴ共和国。首都のブラザビルから飛行機で赤道を越え、車と小さなカヌーを乗り継いで2日かけてたどり着いた同国北部のヌアバレ・ンドキ国立公園は、絶滅が心配されるアフリカの大型動物に残された数少ない聖域だ。カヌーで川にこぎ出した直後には、すぐ近くの樹上に1頭のチンパンジーが座り、こちらを見下ろしているのも見えた。ゴリラもチンパンジーも、

湿地「バイ」の中のニシローランドゴリラ

絶滅が心配されるアフリカゾウも頻繁に姿を見せる

森のチンパンジー

アフリカゾウもいずれも絶滅が心配される大型動物だ。周囲の森は美しく、空気も水も澄み切っている。カヌーの先頭に立ってンドキ川を行く先住民のモベンバカが、川の水をすくって口に運ぶ。手元からこぼれた水滴が熱帯の日差しに輝きながら川面にはじける。「昔は大きな川の水を飲んでも大丈夫だったけど、今は駄目。でもこの川なら大丈夫さ」とモベンバカ。一歩足を踏み入れた瞬間から、この地域の生物多様性の豊かさと森のすばらしさが分かる。

アフリカの大河コンゴ川の支流のサンガ川、そのまた支流の1つ、ンドキ川が公園の森を潤す。

「ンドキ」は熱帯林の中で暮らす先住民の言葉で「悪霊」の意味だという。濃密な森林と点在する湿地が人間の侵入を阻み、長く手付かずのまま残されてきた。ゾウやゴリラが集まり、ワニやカワウソ、多数の鳥などが生きる湿地は「バイ」と呼ばれる。ゾウが歩き回ることで、バイには網目のようなせせらぎと大小さまざまな池がつくられる。周囲で森の伐採が広がる中、ヌアバレ・ンドキは1993年に国立公園に指定された。2012年には互いに国境を接するカメルーン、中央アフリカとの国立公園などを合わせた250万ヘクタールの土地が「サンガ川流域の3カ国保護地域」として国連教育科学文化機関（UNESCO）の世界自然遺産に登録された。

コンゴ共和国のニシローランドゴリラ

筆者がこの地を訪れたのは13年の9月。コンゴの北半球部分が大雨期に入ったばかりのある日、特別の許可を得て、バイを見下ろす研究用の木造のタワーで一夜を過ごした。ゴリラやゾウ、カモシカの仲間で茶色の毛並みが美しいシタトゥンガなどが頻繁に姿を見せてくれた。

周囲にはさまざまなリズムを刻むカエルや虫の声があふれ、時折、遠くからチンパンジーの声も響く。深夜に突然降りだした激しい雨の音が漆黒の夜の闇に満ちるすべての音をかき消す。一晩中降り続いた雨が上がった早朝、朝もやの中に浮かび上がったバイには、既に草をはむ多くの動物の姿があった。

バイで野生生物の姿を観察していると、銃を肩から下げた5人の国境警備の軍人が姿を見せた。「すぐそこが中央アフリカとの国境だから警備を強化している」「昨日、イスラム民兵組織の逃亡兵が小さなカヌーでやってきて逮捕された」。隣国の政変やゾウの大量殺害は、コンゴのバイとそこに暮らす生物にとっての大きな不安要素だ。

美しい熱帯林が残るコンゴ川流域の風景

## 樹上のゴリラ

ゴリラのもう1つの種、ニシゴリラの分布域は52頁の図で分かるようにヒガシゴリラとは離れている。コンゴ川の中下流域、コンゴ共和国やカメルーン、中央アフリカ、ガボンなどに広がる標高100～700メートルの低地の熱帯雨林が生息域で、その広さは70万平方キロにもなる。2015年段階の推定個体数は9万5000頭程度とされており、ヒガシゴリラに比べるとまだその数はかなり多い。日本の動物園にいるゴリラはすべてがニシゴリラである。頭頂部だけが黒でなく茶色をしていることが大きな特徴で、シルバーバックは背中だけでなく、おしりまで白くなる。

1990年代半ばまでは個体数も比較的安定していると考えられていたのだが、近年、その数が急速に減っていることが分かり、国際自然保護連合（IUCN）は2007年に絶滅危惧のランクが最も高い「近い将来の絶滅の危険性が極めて高い種」に指定した。

ニシローランドゴリラは、マウンテンゴリラなどと違って樹上生活をすることが多く、低地の熱帯林は彼らにとって非常に重要な生息地なのだが、コンゴ川流域の低地熱帯林では南米のアマゾンを上回るペースで破壊が進んでいる。森林伐採は特にニシゴリラの生息域で盛んで、これがニシゴリラの数が減っている1つの理由だ。

## 科学者の警告

川の中を丸木船で行く先住民

「ニシローランドゴリラのほかチンパンジーも生息するアフリカ南西部の森林地帯でも、この2つの種の数が過去20年足らずの間に半減している」――。米プリンストン大学や環境保護団体の野生生物保全協会（WCS）の研究グループは2003年4月、こんな調査結果を英国の科学誌「ネイチャー」に発表し、「すぐに有効な保全策を講じなければ、われわれの子どもた

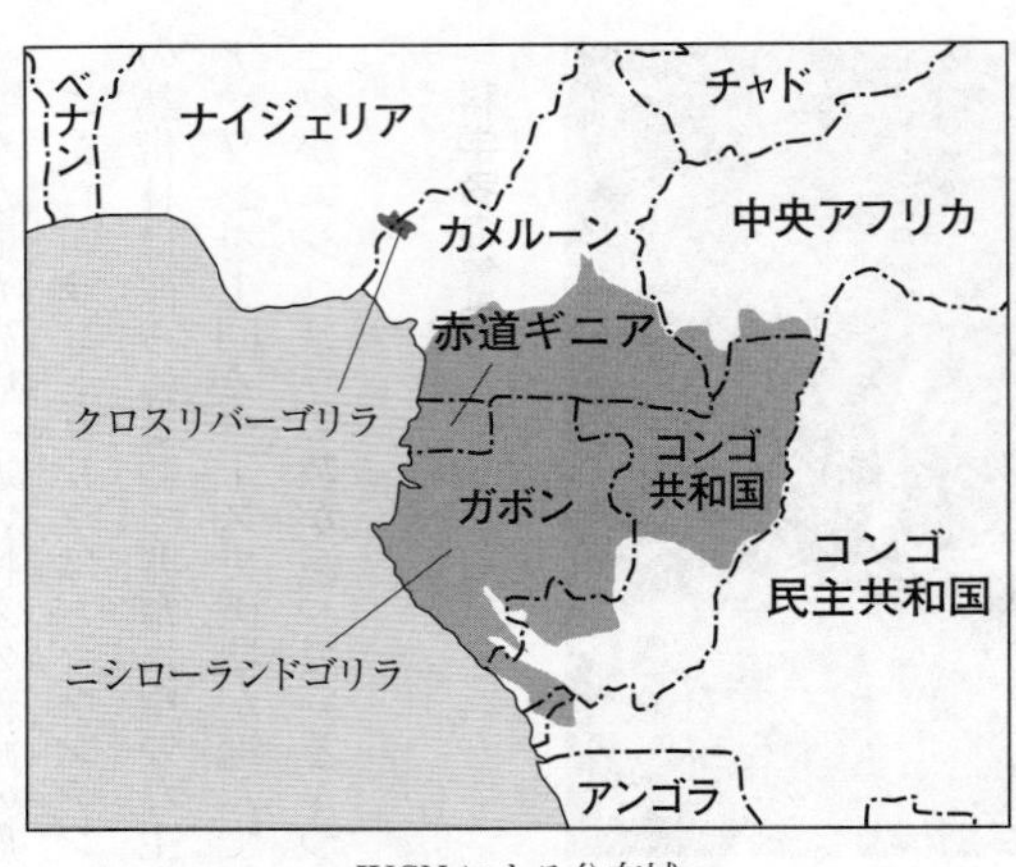

IUCN による分布域

ちは、野生のゴリラやチンパンジーのいない世界に住むことになりかねない」と警告した。

グループが調査したのは、ガボンやコンゴ共和国の森林地帯で、これまでゴリラなどの生息地が比較的よく保たれ、地上に残るゴリラの80％が生息するとされてきた地域だ。１９９８年から２００２年までに総計約４８００キロにわたって森林を踏査し、ゴリラなどの巣の数を調査。１９８１年と83年の調査と比較した結果、２種の大型類人猿の個体数は、少なくとも56％は減少したことが判明。遭遇率からは、ほとんどの地域で両種の生息域が縮小、分断化されていることも確認された。今の傾向が続けば両種の個体数は、今後30年間で80％も減少することになると推定された。

政情不安で保護活動や調査研究の手が回らないこと、ブッシュミートとしての密猟、農地開発、鉱物の採掘、森林伐採などによる生息地の破壊など、ニシゴリラを追い詰めるものは、前節で紹介したヒガシゴリラのケースとほぼ共通している。

## 伐採キャンプ

巨木が茂るコンゴ共和国北部の熱帯林、夕闇が迫る道をトラックで走ると、道路脇に散弾銃を手にした男たちがいた。足元にはダイカーや小型のサルなどさまざまな獲物が横たわる。コンゴ共和国で2013年、アフリカで増加傾向にある「ブッシュミート」目当ての野生動物猟の現場を見る機会があった。

森の中で野生動物猟をするブッシュミートハンター

ハンターは皆、森の中で長く狩猟生活を続けていた先住民だ。だが、最近になって森の中に伐採のためのキャンプが建設されたことが、その暮らしを変えた。多くの伐採労働者に肉を供給するため、彼らから銃を借り、猟をするようになったのだ。報酬は動物1頭当たり、市場で売られるペットボトルの水1本程度でしかない。町から遠く、給食などない伐採労働者にとってブッシュミート以外の動物性タンパク源を探

森で仕留めたサルを運ぶブッシュミートハンター

すことは困難だ。森林伐採とブッシュミート猟は「環境破壊のコインの両面」と言われる。一部の狩猟は、定期的に政府によって管理される形で行われ、動物の種類や数が決められているが、規制は緩やかで義務ではないため、拡大に歯止めはかからない。

「ほとんどは保護種で許可なく捕ってはいけないのだが、彼らが許可を取っているとは思えない。ブッシュミート猟の拡大は感染症の危険を増すだけでなく、森の生態系にとっても大きな悪影響を与えている」と、WCSコンゴの西原智昭が言う。

「キャンプができたので何か仕事があるんじゃないかと思ってやってきた」というニャンガ・ガトーもハンターの1人だが「管理狩猟に参加したことはない。猟はそんなに得意な方じゃないし、最近は昔に比べて動物が少なくなった」と言葉少なだ。

翌朝、伐採キャンプから最も近い町、ポコラの市場を訪ねた。巨大なテントの下に置かれた木造の台の上に多数売り手が並び、呼び声高く、さまざまな商品を売る。市場は朝早くから、その日の食料を求める人々で混雑している。

店の台の上には、ダイカーやサルのほか、イノシシやワニなどさまざまな動物が並ぶ。黒こげの燻製肉も多数ある。売り手の女性が、大きなイノシシの頭を、手にした刀で差し上げて見せてくれた。

小さなサルやダイカーなどの動物を手押し車に入れて運ぶ子どもたち。刀を振り上げ、動物の体を細かく切り分ける女性たち。客が次々と肉を袋に入れて持ち帰る。

大量のブッシュミートが毎日，取引される市場

近くにはダイカーのステーキやハリネズミのスープなどブッシュミート・メニューを広く提供するレストランも並ぶ。ある客の1人は「人間が育てた鳥や豚など高くてまずいの

だから食べる気がしない。こっちの方がずっと安くておいしいんだ」とスープの中のブッシュミートを見せてくれた。野生動物と人間の濃厚な接触の場を目の当たりにした日だった。

１９８０年代まではこの地域には人間の手が及ばない熱帯林が広がっていた。だが、90年代になるとコンゴ川流域での森林伐採が急激に拡大してゆく。東南アジアやアマゾンでの森林資源が減少し、大規模な木材の供給源として世界第2位の熱帯林が存在するコンゴ川流域の資源が注目されたこと、ガボンなど原油資源に収入源を頼っていた国で原油産出量が減少し始めたことなどが大きな理由で、伐採や道路建設に関する技術の向上がこれに拍車を掛けた。この地域の森林製品の産出量は１９９１〜２０００年まで

熱帯林のただ中に建設された大規模な伐採道路と運ばれる木材

の間にほぼ2倍になったと言われている。政情不安や腐敗が大規模な違法伐採の温床となった。これまで手つかずでいた熱帯林の中に突然、巨大な伐採道路が縦横に建設され、奥地に大きな伐採キャンプが作られ、大量の伐採労働者が送り込まれ、近くには企業の活動を支えるための町ができる。多くの場合、労働者や町の住民は日常の食料、タンパク源を森の中の野生動物に求めるため、ブッシュミートハンティングが急拡大する。それとともに、新しい道路が多くの生物が残る奥地の森林への密猟者のアクセスを容易にし、密猟も拡大する。アフリカの各地でみられるこの風景はコンゴ川流域で最も顕著だといっていい。森林地帯からのブッシュミートは近年、それに高額の金を払う都市部の富裕層や海外在住者にまで広がるようになってきたことが指摘されている。

違法伐採の木材や密猟品が持ち出されないかをチェックする担当者

現在のブッシュミートハンティングは、過去に森の中の先住民が行っていた狩猟とは完全に様相を異にするものとなっている。多くの場合、狩りの対象となるのはダイカーなどのアンテロープや小型の霊長類だが、ゴリラやチンパンジーなどの大型霊長類も例外ではない。

IUCNは「ゴリラは法律で保護されている動物であるに

もかかわらず、密猟や捕獲、ブッシュミートハンティングが行われていることがニシローランドゴリラの個体数減少の主要な原因で、現在の捕獲レベルは非持続的なものだ」と指摘する。

イスラム教系武装勢力の蜂起によって一時、内戦状態に陥った中央アフリカ共和国では2016年7月、「人付け」が進み、ゴリラ観光で人気だったシルバーバックのゴリラが密猟者に殺される事件が発生、隣国のカメルーンからの報道によると、15年に4カ月にわたって行われた密猟の摘発で24個のゴリラの頭部が押収されたという。

コンゴ川流域諸国の木材生産量は今後も増加が続くと予想され、いずれの国でも人口が増加傾向にある。政情が安定していない国も多く、違法伐採や密猟への監視の目は行き届いていない。森林の乱開発や違法伐採と歩調を合わせた大規模なブッシュミートハンティングと密猟をどう食い止めるかが、当分の間、ニシローランドゴリラ保護のための重要な課題である状況は続きそうだ。DRCなどと同様、ゴリラを殺すのも人間だが、それを守るのも人間である。この地域の国々でも政情を安定させ、地域の貧困解消の道を探ることで住民の暮らしを安全なものにすることがゴリラ保護の上でも重要であることは言をまたない。

## さらなる脅威

ニシローランドゴリラに関するニュースは悪いものばかりではない。2008年8月、米国のＷＣＳが、コンゴ共和国北部の熱帯雨林で新たに12万６０００頭弱の未確認の個体群を発見したと発表した。ＷＣＳがコンゴ政府と合同で06〜07年、主に巣の数を数える方法で調査。日本の面積のほぼ8分の1に相当する4万７０００平方キロに多数のゴリラが生息していることが分かった。1平方キロに8頭と、世界で最も生息密度の高い地区もあった。

だが、彼らを取り巻く状況は依然として厳しい。多くの保護関係者が心配するのは進行する地球温暖化(気候変動)が生態系に与える影響だ。ゴリラのすみかであるこの地域の降水量は、低地熱帯林がその構造を維持するより少し多いだけでしかなく、将来、気候変動によって降水量が減れば、森林が大幅に減少することが懸念されている。

また、後で詳しく紹介する、東南アジアの熱帯林とそこの生物多様性の消失の最大の原因とされているアブラヤシのプランテーションがアフリカでも拡大しつつあり、これが残された森林と大型霊長類に対する新たな脅威になることも懸念されている。ゴリラの生存を脅かすものは増えることはあっても減ることはないのが実情だ。

### エボラ出血熱

２０１４年、シエラレオネなど西部アフリカでのエボラ出血熱が大流行し、多くの人命が奪われたことは記憶に新しい。人間に極めて近い種であるゴリラもエボラ出血熱の犠牲になることがある。２００２～04年にかけてこの地域のニシローランドゴリラの間にエボラ出血熱が大流行し、多くのゴリラが犠牲になり、これがゴリラの総個体数減少の大きな原因の１つになった。

２００６年にガボンや欧州の研究グループが米科学誌「サイエンス」に発表した論文によると、人間のエボラウイルスの流行が繰り返し起こっているコンゴ共和国の自然保護区で、２００２年から05年の間にゴリラ約５５００頭がエボラ感染で大量死したと推計される。グループは、ガボン国境に近いロッシ自然保護区で、群れやねぐらの数などを調査。人の感染が確認された直後の02年から05年にかけてゴリラが大量死する地域が急速に拡大し、保護区西側の約２７００平方キロの調査区では、ねぐらの発見率が、影響の少ない東側より96％も低いことが分かった。これらの結果からグループは、調査区内に生息していた６０００頭のうち少なくとも５５００頭が死に、チンパンジーの減少率も約83％に達していたと推定。「密猟とともに、エボラがゴリラの生存にとって大きな脅威だ」と指摘した。

２００５～12年にはコンゴ共和国の別の自然保護区でゴリラやチンパンジーの個体数がほぼ半分に減っていることが確認されたが、この原因としてもエボラウイルスへの感染が疑われている。

ＩＵＣＮなどの専門家によると、ゴリラの間のエボラ出血熱の流行域は徐々に拡大する傾向にあり、今後5〜10年で主要生息地の中でエボラ出血熱の大流行が確認されていない残りの45%にまで広がる可能性がある。ウイルスに感染したゴリラの死亡率は95%にもなるとされ、ゴリラの将来にとって大きな脅威となっている。専門家は「エボラ感染の拡大は、森林伐採などの結果、人間とゴリラとの接触の機会が増えたことも一因なので、生息地の保全を進め、接触の機会を減らす努力が急務だ」と指摘する。伐採道路などを通じて、ブッシュミートハンターをはじめとする多くの人が森に入り、霊長類をはじめとする多くの動物と接触する機会が増えたことが、人間にも類人猿にもエボラ出血熱のような人畜共通感染症のリスクを大きくしていることを指摘する専門家は多い。

### 知られざるゴリラ

クロスリバーゴリラはニシゴリラの亜種の1つで1904年に種として記載された。種とされたのはかなり昔だが、長い間、研究者たちからあまり注目されてこなかった。科学者による最初の本格的な調査が行われたのは1987年のことである。クロスリバーはこの地域を流れる川の名前である。

以前はもっと広い範囲に分布していた可能性があるが、今はカメルーンとナイジェリアの国境にまたがる森林地帯だけに生息する。個体数は200〜300頭とゴリラの4亜種の中で最も少なく、十数の集団だけが知られている。研究もあまり進んでおらず、日本でもその名を知る人はあまり多くいないだろう。

数はとても少なく、集団は分断されていて、通常は1つの集団で20〜30頭、多くても50〜65頭と小さい。生息地は農地開発など人間活動が盛んな場所に取り囲まれており、積極的な狩猟の対象とされることは少ないが、人家や農地の周辺に出てきたところを射殺されることもあり、森の中に仕掛けられた罠にかかって負傷することもある。数が少ないために近親交配が進み、遺伝的な多様性が少なくなってきていることも分かった。こう書いてきただけで、いかにこのゴリラの亜種の絶滅の危機が大きいかが分かるだろう。

時折、狩猟で殺されるほか、生息地である森林の破壊、エボラ出血熱や炭疽病などの感染症など、その生息を脅かすものは他の亜種のゴリラに共通している。

一方で2008年以降、カメルーンに新たにクロスリバーゴリラの保護区が相次いで設けられるなど保護の手も徐々に及ぶようになってきた。研究者は保護区間に「緑の回廊」を通して、生息地のネットワークを作ることの大切さなどを指摘している。

クロスリバーゴリラの生息地は、限られた地域に豊かな生物多様性が存在する「生物多様性のホットスポット」の1つで、ゴリラのほかにもチンパンジーやドリルなどの霊長類も生息している。国立公園の拡大などによって保護対策を強化するとともに一層の調査研究が急務だ。

# 第3章　ヒトとの共生
## ——コンゴ民主共和国、タンザニア、マダガスカル

### 第1節　森の平和主義者　ボノボ

ちょっと歩くだけで汗が噴き出してくるアップダウンのきつい森の中の道が突然開け、灼熱の太陽が肌を刺すサバンナに出た。先頭をゆく「トラッカー」のヨボ・マバミがひざまずき、「ここに足跡がある。向こうの森に向かっている」と地面を指さして言う。言われなければ決して気付かないような丸いくぼみが地面に続いていた。「拳を突いて歩くナックルウォークの跡ですね」と、アフリカの類人猿に詳しい日本モンキーセンターの岡安直比が解説してくれる。

サバンナの向こう、ヨボの指さす先には再び、こんもりした森が見えた。「この太陽の下をあそこまで歩くのか」という言葉を飲み込んで、再び、重たいカメラと望遠レンズを肩にかついで歩き始める。

ブラジル・アマゾンに次ぐ広大な熱帯林が広がるアフリカ・コンゴ川流域のコンゴ民主共和国(DRC)。首都、キンシャサ郊外からボートで川を2日間かけて上り、車に乗り換えて2時間ほどでたどり着いたバンドゥンドゥン州バリ地区。熱帯の森とサバンナが複雑に入り組むこの地を、重たいカメラを背に歩き回って既に4日目になっていた。この国の限られた地域にしか住まない絶滅危惧種の類人猿、ボノボの群れは、初日の朝、大雨の中でちらりと姿を見せたきり、広大な森の中に消え、簡単には姿を現さなかった。

4日目も午後になったころ、森の中の獣道を歩いていたヨボが大きな倒木の上にあった植物の茎を手に「この食べ跡は新しい。まだ近くにいるはずだ」と言うと森の中に姿を消した。この時期のボノボは森の中にあるマランタセという植物の蕊を好んで食べる。マランタセのやぶの中に這いつくばってボノボの通り道を探すヨボ。最初の食べ跡を見つけてから20分ほど。「ほら! あの木の上にいる」とヨボが指さす方向に10頭ほどのボノボが身軽に木々を伝わって移動し、木の実や葉を口に運ぶ姿が見えた。

チンパンジーに似た黒い体色をしていて、顔はチンパンジーよりも少しだけ黒く、小柄で、手足がとても細い。後で紹介するようにボノボを語るときに欠かせない大きな性器が遠目にもはっきり分かる。高い樹上に座って長い手を伸ばし、木の葉をゆっくりと口に運ぶ大人のオスやメス。全部で十数頭のグループだ。最初は大股開きで木の枝に腰掛けてエサを食べていたオスは、そのうち木の上に寝転がって顔の近くにある葉を食べ始めた。木の枝にぶら下がってじゃれ合う2頭の子ども、その姿を倒木の上に寝転がったメスが静かに見つめている。森の中でのボノボの群れは静かで平和だ。

徐々に夕闇が迫る森の中にやがて、就寝前のボノボが互いに鳴き交わす声が響き始める。甲

野生のボノボ

高く、鋭く、途切れ途切れのその声は鳥のようで、とても類人猿のものとは思えない。子どもたちはまだ木の枝からぶら下がって遊んでいるが、大人のボノボは樹上で周囲にある木の枝を集め、その晩かぎりの寝床を作り始めていた。

倒木の上に寝転がって、じゃれ合う子どもたちの姿を笑いながら見ていた大きなメスも、特徴的な「ナックルウォーク」で倒木の上を仲間のいる木々の方に向かってゆっくりと歩いて森の中に姿を消した。

## 残っていたボノボ

ボノボは、ゴリラ、チンパンジーと並ぶアフリカの大型類人猿の1種だ。近縁のチンパンジーとは、アフリカの大河、コンゴ川によって隔てられていて、チンパンジーはコンゴ川の右岸、つまり北側に広く分布しているが、ボノボはコンゴ川の左岸、川の南側の限られた地域にしか生息しない。

ボノボとチンパンジーは極めて近縁で、遺伝子の分析では、今から210万〜80万年ほど前に分かれたとされている。京都大学などの研究者は、ボノボとチンパンジーの共通の祖先がすんでいたコンゴ川の右岸から、今から180万〜100万年前に起こったアフリカの厳しい乾燥期に、一時的に浅くなったコンゴ川を渡ってコンゴ川左岸のコンゴ盆地に入り、その後、

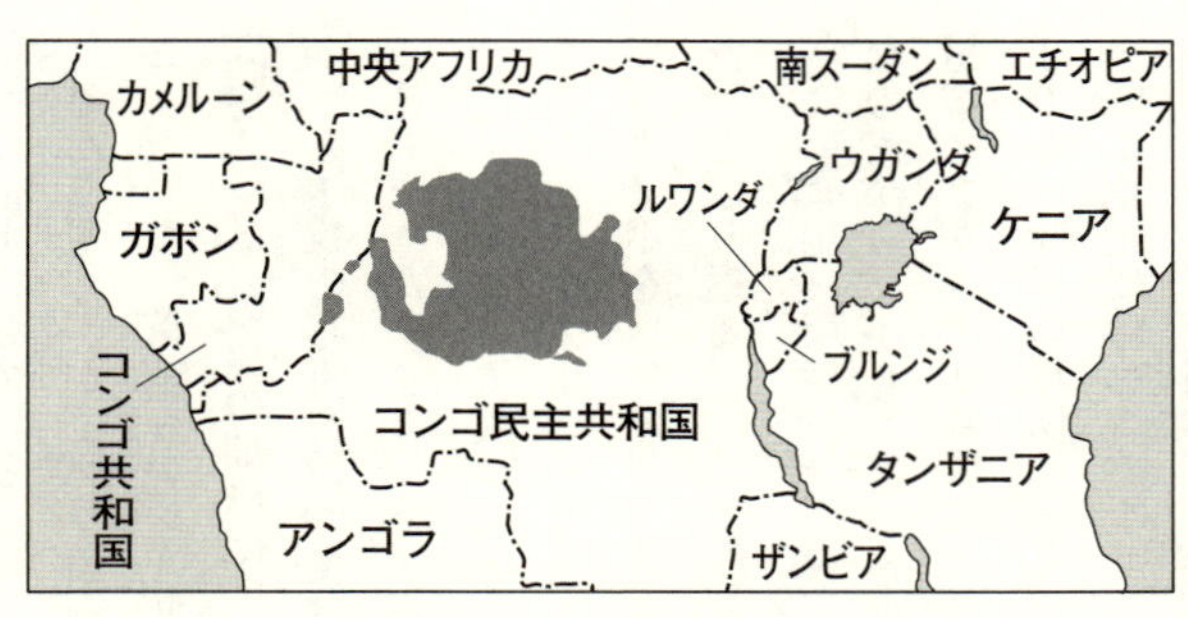


IUCN によるボノボの分布域

再び、川で隔てられたため、そこで独特の進化を遂げたのだとしている。

チンパンジーがDRCやタンザニアなどの東アフリカから、カメルーンなどの中部を経て、セネガルやガーナなどの西アフリカまで、アフリカの赤道域に広く分布しているのに対し、ボノボの生息域は上図のようにコンゴ川とその支流に囲まれた狭い範囲に限られ、そのすべてがDRCの中に含まれる。

DRCはザイールと呼ばれたころから長い間、政情不安が続き、内戦も頻発している。DRCにはボノボ、チンパンジーとゴリラというアフリカの大型類人猿3種がすべて生息しているが、この国の限られた場所にしかいないボノボも含めて、生息状況は非常に厳しい。国際自然保護連合(IUCN)は「きちんとした個体数の調査はなされていないが、過去15〜20年でその数が急速に減っているとみられる」として、1986年に「絶滅の恐れが高まっている種」と評価、96年には絶滅ランクでは2番目の「近い将来に絶滅の危険が高い種」に格上げしている。

そんなボノボが、バリの森にいることを保護関係者が地元住民から聞いたのは2005年のことだった。首都キンシャサでの野生生物保護に関するシンポジウムに参加したバリの住民が「時々、うちの裏の畑に出てくる動物だけど、ひょっとしてボノボというものではないだろうか」と1枚の写真を持ってきた。当時、世界自然保護基金(WWF)・DRCの国内保護活動の責任者だったレイモンド・ルンブエナモは、地元の住民からその写真を見せられた時のことを今でも鮮明に覚えているという。「最初に話を聞いたとき、首都から小型飛行機で1時間というこの地にボノボがいるなど、信じられなかった。大急ぎでツアーを組織してバリにやってきて、ボノボを自分の目で見たとき、このグループを何としてでも守らなければならないと思った」と振り返る。

コンゴ川をボートで上る1泊2日の旅をし、そこから車で3時間ほどかけてやってきた場所なのだから、決して近いとは言えないが、DRCの面積は234・5万平方キロと日本の6倍超、アフリカで2番目に大きい国だ。日本の京都大学の研究拠点、ワンバがキンシャサから約1000キロの場所にあるのに比べれば、研究や観光の足場としてははるかに有利だ。

既に地元にはエコツーリズムによる地域の発展を目指して活動をする「ボン・モゥ・トゥール」という市民団体があり、写真を見せてくれたのは、この団体の担当者だった。

## ボノボツーリズム

バリでも急激な人口増加と貧困が深刻で、農地開発による森林破壊や森の中での狩猟による動物の減少が目立つ。森を歩くとあちこちに通りかかった動物を捕るための圧殺わなが仕掛けられているのを目にする。比較的きれいな森が残っている場所でも、今では珍しくなった手つかずの森が残っている場所でさえも、本来はそこにいたはずの大型哺乳類の姿はもちろん、足跡や糞といった痕跡を見つけることさえほとんどない。熱帯の美しい森で頻繁に見かける鳥や蝶の姿も少ないことに気付く。

森の中に仕掛けられた圧殺わな．動物が下を通ると重しが落ちるようになっている

それでもバリには「ボノボは村人と仲違いをして森に入った人間が姿を変えた」との伝承があり、人々がボノボを狩ることはなかった。ボノボがこの地に残っているのはそのためで、森の中で比較的頻繁に見かけるほぼ唯一の哺乳類がボノボだと言っていいほどだ。ボン・モゥ・トゥールとWWF・DRCの専門家らの協力によって「ボノボを守りながら、エ

コツーリズムを推進し、観光客を呼び込んで地域の利益につなげよう」との取り組みが始まり、生息調査によってバリの周辺の村には、いずれも20頭程度のボノボの群れが少なくとも2つあることが分かった。

「バリはボノボの分布域のほぼ南限に当たり、熱帯林とサバンナの境界付近でその両方を利用して暮らしているという点で、学術的にも非常に興味深いグループだ」とワンバで長くボノボの研究を続けてきた京都大学の伊谷原一が言う。

ボン・モゥ・トゥールのクロード・モンジェーモは「ボノボは他にはない貴重な財産だ。バリは正式な保護区ではないが、人々は「ボノボの森」として狩猟や伐採を自粛している」と話す。

2001年、バリ地区の村の1つ、カラの住民は16・6平方キロの森を「ボノボの森」として保護区にすることに合意、密猟対策としてこの地に古くからあったボノボを捕らないというタブーを守ることを決めた。2005年にはほかの5つの村も森に保護区をつくることに合意し、その面積は175平方キロにまで広がった。

人付け

WWFの施設やボン・モゥ・トゥールが取得した土地に、粗末なものながら宿泊施設が建設された。

ボノボに人間の姿を見せ、彼らに害を及ぼさないことを理解させ、人の姿を見ても逃げ出さないようにする「人付け」が実現しないと、ボノボツーリズムは成り立たない。「人付け」は類人猿保護のためにも、彼らの生態を研究するためにも極めて重要なものとなるが、これは決して短期間ではできない。タンザニアのマハレでチンパンジーを研究した京都大学の西田利貞、同国ゴンベでチンパンジーを研究したジェーン・グドール、ルワンダの火山国立公園でマウンテンゴリラの研究と保護に取り組んだダイアン・フォッシーらは、いずれも類人猿の人付けに成功した研究者だ。ワンバで世界に先駆けてボノボの研究を始めた京都大学の加納隆至(たかよし)は著書の中で「野生霊長類を研究する場合は、まず人(観察者)の存在に慣れさせることから始まる。それは、いわゆる「人付け(ハビチュエーション)」という、うんざりするほど長く苦しい冒頭部分である」と記している。これは保護活動や霊長類をカギにしたエコツーリズムの立ち上げにおいても同様だ。

そしてエコツーリズム実現のためには、森の中でボノボを追い、居場所を研究者や観光客に伝える「トラッカー」も大切になる。このため周辺の2つの村から20人ほどの参加者を募って、トラッカーを養成する事業も始まった。苦労の末にボノボを見つけてくれたヨボもその1人だ。WWFから月約5ドルほどの給与が支払われ、交替で早朝から森に入ってボノボを追跡し、夕

森の中でボノボを追跡する腕利きトラッカーのヨボ

方、ボノボが巣を作って寝るまで確認し、翌日のグループにその場所を伝えるのが彼らの仕事だ。この地域のボノボの密度は1平方キロ当たり0・5頭。広大な森の中で、わずか20頭程度のボノボのグループを見つけ、道なき道を歩いて、場合によってはかなりの速度で移動するボノボを追跡するというトラッカーの仕事はかなりの重労働だ。ボノボのグループは、特に植物が少ない乾期などに複数の小グループに離合集散を繰り返すことがあるので、追跡は困難を極め、時には今回のように長い間、見失ってしまう時もある。

「13歳の時、子どもたちを連れて森に入り、生まれて初めてボノボを見た。見たこともない黒い大きな動物がとても怖くて、逃げ出したことを覚えている」と言うヨボは今や、10年近くの経験を持つ、腕利きのトラッカーだ。

「森のことをよく知っていて、体力があるというんで、トラッカーにならないかと声を掛けられた。よくよくみると怖いどころか、とても可愛い動物だと分かった。安定した収入にもなるし、観光客がどんどん来てくれるようにしたい」と森の中で目を輝かせる。

京都大学の伊谷らもこの地域のボノボに注目し、生態や行動、分布域などの研究とエコツーリズムの推進に協力できないかを模索し始めている。

## 最後の類人猿

ボノボはチンパンジーと並んで人間に最も近い類人猿であるが、ゴリラやチンパンジーに比べて研究も進んでいないし、保護活動も不十分だ。日本にはボノボを展示している動物園はないし、世界的にも数少ないため、一般の理解も進んでいない。唯一の生息地であるDRCで長く、内戦と政情不安が続いていることが大きな原因で、日本の京都大学が世界に先駆けて始めたワンバでの研究も内戦で長期の中断を迫られたことがある。そして内戦は今でも、ボノボを絶滅の危機に追い詰めている理由の1つになっている。

ボノボが「発見」されたのはDRCの森ではなくベルギー・ブリュッセル郊外の博物館だった。ドイツの解剖学者、エルンスト・シュバルツが、博物館にあった類人猿の小さな頭蓋骨を調べていて奇妙なことに気付いた。その小ささ故に子どものチンパンジーのものだと思われていた頭蓋骨には、未成熟の生物に特徴的な頭蓋骨の縫合部の隙間がなく、成獣のものだったのだ。シュバルツは最初、チンパンジーの中で体の小さな亜種だと1929年に報告した。だが、その後すぐにこの類人猿はチンパンジーとは多くの点で異なる特徴を有していることが分かり、新種の類人猿として学名が付けられた。属名はパン（Ｐａｎ）でチンパンジーと同じである。かつてはピグミーチンパンジーと呼ばれたが、コンゴなどで「ピグミー」を差別語として避けるようになったこともあって「ボノボ」の名が定着した。平均体重は40キロ、体長は80センチと小柄だ。

オランウータンの学名を決めたのはかのリンネで18世紀半ばのことだった。チンパンジーが種として確認されたのが18世紀末、ゴリラが19世紀の半ばなのでボノボが種として確認されたのは大型類人猿の中では最も遅い。当初はコンゴ川左岸に類人猿が生息していることさえ、知られていなかったという。チンパンジーが種として記載されてから１５０年もたっていた。加納はボノボを「最後の類人猿」と呼んでいる。

## 平和主義者

極めて近縁で生息域も隣り合うのだが、ボノボの生態や行動は、チンパンジーのそれとは大きく異なる。ボノボを特徴付ける言葉として多くの研究者が使うのは「平和主義者」という言葉だ。近縁のチンパンジーは時に非常に攻撃的で、２つのグループが森の中で出会うと、殺し合いになるほどの争いになることもある。１つの集団内でも、オスの間には常に群れの「覇権」をめぐる緊張があり、メスを巡ってオス同士が命がけで争うこともしばしばだ。集団でオスが同じ集団の中にいる子どもを殺して、その肉を食べる「子殺し」ケースも観察されている。

これに対して、ボノボは集団同士が出会った時にも激しい争いになることはごくまれだし、群れの中での命がけの争いも、子殺しもみられない。

チンパンジーが水を嫌がるのに対し、ボノボは平気で川の中に入って水中の虫を食べるし、小さな流れを渡ることもある。半自然の飼育下では、ボノボが川の中に入って、まるで人間が風呂に入るように水浴びをしている姿や、人間の子どもがやるように川の中に足を入れ、バチャバチャと水を足ではね上げて遊ぶ姿がとらえられている。小さな昆虫などの動物を食べることはあるが、チンパンジーのように、サルなどの大きな哺乳類を目当てに狩りをする姿は観察されていない。チンパンジーより二足歩行にすぐれ、食べ物を手にもってすたすたと長距離を歩く姿が観察されているが、チンパンジーと違って、野生では道具を使ったとの観察例はない。チンパンジーはオスが集団を率いる父系社会であるのに対して、ボノボはメスが群れの主導権を握る母系社会で、群れのオスとメスの数の差はチンパンジーに比べてはるかに小さい。強いメスが団結してオスをいじめるような姿も観察される。筆者はキンシャサ郊外にある孤児のボノボの保護施設内の川べりに2頭のオスが座って、グルーミング(毛繕い)をし合っている姿を見たが、彼らはひょっとしたら恐ろしいメスにいじめられて、群れの中心部から離れた場所にやってきたオスだったのかも知れない。

## 争いよりセックス

そして、何よりもボノボを特徴付けるのが、他の類人猿にはみられない「性行動」だろう。ボノボは緊張感が高まった際など、つまり相手とケンカになりそうになった時に、暴力ではなく性行動に持ち込むことで知られている。ボノボの性行動には、オスとメスの間だけでなく、メス同士、あるいはオス同士が性器をこすり合わせる「疑似交尾」も多い。2つのグループが森の中で出くわした時、エサの奪い合いにつながりかねない食事の時、2頭のボノボが1つの何かに同時に興味を引かれるような状況に陥った時、ボノボ同士が何らかの理由で争う状況が発生した時など、もちろんケンカになることもあるが、多くの場合、ボノボは性器のこすり合わせによって緊張を解消し、和解に持ち込む。オスとメスの間でも実際の交尾ではない疑似交尾が行われることもあるし、子どもが行うこともある。暴力的なケンカの後の仲直りに性行為が使われることもあるという。ボノボの研究で知られるフランス・ドゥ・ヴァールの『ヒトに最も近い類人猿ボノボ』は、ボノボに関する最も包括的な書物であるが、その中ではメス同士、子ども同士、オスとメスなど多様なボノボの性行動の写真が紹介され、ボノボの性行動は「平和のためのもの」で「社会の緊張をやわらげるメカニズムである」とされている。

特に有名なのはメス同士が肥大化した性器を対面でこすりつける行動だ。ボノボ研究の先駆者、加納はこれを現地の住民の言葉から「ホカホカ」と名付けた。オス同士が後ろ向きになって性器をこすり合わせる行動は「尻付け」と呼ばれ、類人猿の中でボノボにしか見られないものだ。加納は、オスが持っているサトウキビを狙ってメスが交尾に誘った後「当然のごとく彼の前にある、または手にしているサトウキビを取っていくのである。それを拒否するオスはほとんどいない」と書いている（『最後の類人猿』）。加納はまた、メスが持っているパイナップルを狙って近づいてきた第1位のオスが、交尾によってごまかされ、パイナップルを手に入れることなく去っていった例も紹介している。

キンシャサ郊外の保護施設のボノボ

いずれの場合も積極的に働きかけたのはメスの方で、ボノボの性行為はメスが主導権を握っているようだ。京都大学の古市剛史は「たとえ第1位のオスが一生懸命誘っても、最終的にメスが首を縦に振らなければ交尾できません。オスはじっと待つしかないわけです」と書いている。こんな生態が明らかになるにつれ「争いをやめて愛し合おう」がボノボの合い言葉となっていった。

同保護施設で，子どもをあやすボノボのメス．楽しげな表情に見える

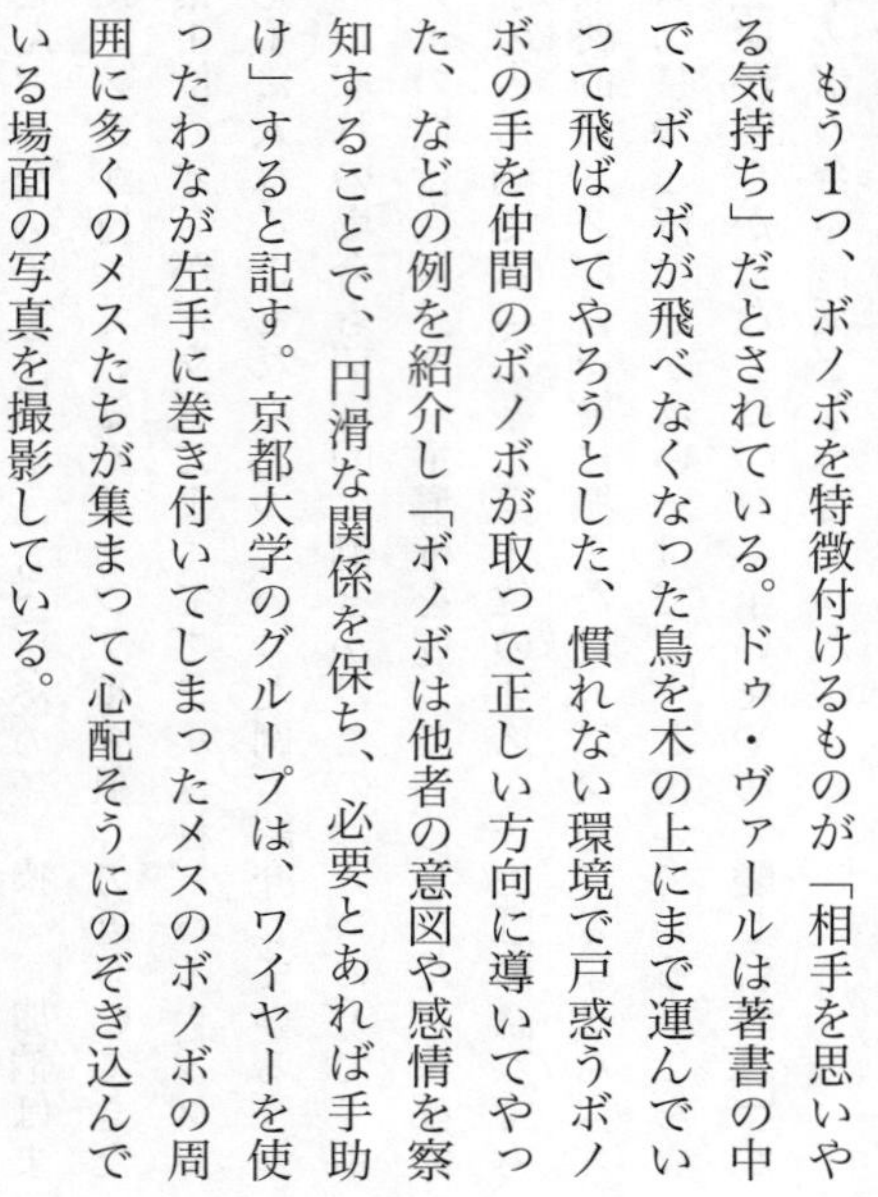

## 思いやり？

もう１つ、ボノボを特徴付けるものが「相手を思いやる気持ち」だとされている。ドゥ・ヴァールは著書の中で、ボノボが飛べなくなった鳥を木の上にまで運んでいって飛ばしてやろうとした、慣れない環境で戸惑うボノボの手を仲間のボノボが取って正しい方向に導いてやった、などの例を紹介し「ボノボは他者の意図や感情を察知することで、円滑な関係を保ち、必要とあれば手助け」すると記す。京都大学のグループは、ワイヤーを使ったわなが左手に巻き付いてしまったメスのボノボの周囲に多くのメスたちが集まって心配そうにのぞき込んでいる場面の写真を撮影している。

米国のエモリー大学の研究グループは、キンシャサ郊外にある孤児になったボノボなどの保護施設で、ボノボが仲間に殴られたり突き飛ばされたりした例を３５０件以上観察、被害を受けたボノボを、近くにいたボノボが「なぐさめる」行動や和解を促す行動が頻繁にみられたとの結果を２０１３年、専門誌に発表している。なぐさめ行動は、相手を抱きしめたり、グルーミングをしたりなどだが、時には性行為もみられた。

争いを好まず、厳しい状況に置かれた他者を思いやる気持ちを持つとみられるボノボに、他人への共感や思いやりの感情、それを示す行動など、いわゆる「人間性」の起源を見る研究者は少なくない。

**【コラム】 ボノボ・果物をおすそ分け**

平和主義者のボノボは、仲間に果物を「おすそ分け」する習性があることを神戸大学の山本真也・准教授らがワンバでの観察結果から突き止め、2015年に英国の専門学術誌に発表した。2010〜13年、コンゴ盆地にある村でボノボを観察し、約150回「ボリンゴ」という大きな果物を分け合う行動を確認した。新しく群れに加わったメスが、群れの順位の高いメスからボリンゴをもらっているケースが多く、ボノボが社会的な関係を築くための行動らしい。

チンパンジーが協力して狩りを行い、得られた肉を生活のために仲間に分配することは知られていたが、この果物はだれでも簡単に探し出すことができるものである上、果物を分けてもらったボノボは、食べ物に事欠いたボノボでもなかった。にもかかわらず、大人同士、特にメス同士で大きな果実を分け合って食べる行動がボノボでは頻繁に見られ、その頻度はチンパンジーの肉の分け合いに比べて回数がかなり多かった。これは、食べ物そのものを目的とするわけではなく、人間社会のご近所づきあいでよくある「おすそ分け」のような「儀礼的食物分配」ではないかと見られている。

「人間性の進化を探るうえで非常に重要な位置を占めるボノボは今、絶滅の危機に瀕しており、人々の無知・無関心が彼らの絶滅へとつながっている。これらの研究を通して、私たちに最も近い進化の隣人のことをよく知り、関心をもっていただければと願っている」。これが研究成果の発表に際しての山本のコメントだ。

## 空っぽの森

DRCにはサロンガ国立公園というオランダの面積に匹敵する巨大な国立公園が存在し、ここがボノボの主要な生息地の1つだと考えられてきた。だが、ようやく内戦が終結した後に公園内でボノボの生息調査を行ったWWFとコンゴの研究機関のグループは、ボノボの目撃例が極めて少なく、見つかる巣や糞も非常に少ないことに激しいショックを受けた。生きたボノボがまったく確認されなかった場所が公園の3分の1にも上り、逆に公園内に多くの住民が農地を開いていることが確認され、内戦の間に、密猟と生息地の破壊でボノボの数が急減したことが分かった。広大な森は残っていても、ボノボをはじめとする動物の姿がほとんど見られない

「空っぽの森」があちこちにできていることがDRC各地の研究者から報告された。

　コンゴ川流域の森で長い間、平和に静かに暮らしていたこのボノボは今、拡大する人間活動によって絶滅の淵に立たされている。IUCNの霊長類専門家グループが2012年にまとめた報告書によると、ボノボの個体数には正確なものがなく、研究者が入ってボノボの調査を行った場所も、集められたデータも部分的だ。だが、2003〜10年に各生息地で行われた巣の数の調査にコンピューターモデルによる推計などを加えると現在のボノボの個体数は1万5000〜2万頭と推定されるという。主要な生息地はDRCの北部、サロンガ国立公園がある南部、コンゴ川が大きく曲がって南に流れている場所に近い同国東部、そしてバリがある西部の4つのブロックに大きく分けられ、部分的に国立公園や自然保護区が設けられている。ワンバがある北部にはボノボのための保護区も2カ所設けられている。だが、公園や保護区の管理は不十分で、保護区内でもボノボの数が減少していることが指摘されている。

　京都大学の伊谷や田代靖子らは、ワンバ地区でのボノボの個体数や生息地に関する1995年と2005年のデータを比較し、度重なる内戦がボノボに与えた影響などを分析した2007年の研究論文の中で、1995年には6つの存在が確認されていたワンバのボノボのグループが3つに減り、95年には人付けがされていたグループのボノボが、05年には人間を恐れて逃げ出すようになっていたことを報告している。人工衛星画像の分析や現地調査からは、10年間で原生林が伐採されて農地になっている場所が増えていることも確認された。研究グループは、内戦中の狩猟や生息地の破壊が、ボノボの個体数の減少につながった可能性を指摘している。

また、同じくワンバで長くボノボの研究に取り組んだ京都大学の古市も、ピーク時には30頭前後いた主要な研究対象だったグループのボノボの数が２００４年には17頭に減少、消失したとみられるグループもあり、１９９１年には２５０頭を超えていた研究対象地区のボノボの数が２００４年には70頭前後と４分の１近くに減ってしまったことを報告している。

内戦の前と後の15年ほどの間にボノボの数が大きく減ってしまったらしいことは他の地域でも報告例があり、ボノボの個体数の減少は急速に進んでいるとみられている。しかも生息域は分断が進んでいる。ＩＵＣＮはこれを主な理由として絶滅危機のランクを上げた。

### 密猟の影響

ＩＵＣＮによると、ボノボを追い詰めている最大の理由は密猟だ。ボノボの生息地にはタブーがあって地元住民はボノボを捕って食べることは滅多になかったし、法律でもボノボの捕殺は禁じられている。だが、ＤＲＣ各地でボノボの密猟や密輸が横行している。チンパンジーより短いもののボノボの出産間隔は４〜５年と長く、最初にメスが子どもを生む年齢は13〜15歳と比較的高齢であるため、密猟の影響を受けやすい。

密猟、密輸の理由の1つは、動物園やペット目当ての捕獲だ。ゴリラやチンパンジーを含めて生け捕りにされたアフリカの大型類人猿の子どもを高額で買い取る動物園や飼育施設が今でも存在している。1頭の子どもを捕獲するために群れの中のボノボの多くが殺されたケースもあるし、子育て中の母親の捕獲は自立できない子どもの死につながる。DRCやその周辺国でもペットとしてのボノボの需要があるし、レストランなどでの客寄せに使われることもある。

先に研究の舞台として紹介したボノボの保護施設は、キンシャサの南東約25キロ、コンゴ川の支流のほとりにある。ベルギー人の篤志家が2000年に私財を投じて建設、維持している民間の施設だ。ここでは密猟されて生息地から連れ出され、当局によって保護された孤児のボノボと彼らの間にこの施設で生まれたボノボ約60頭が、自然の森を利用した施設の中で飼育されている。ごく一部だが、ここで野生復帰の訓練をした後、本来の生息地に放されたボノボもいる。

ここには今でも押収されたボノボがやってくる。筆者がこの施設を訪ねたのは2016年9月だったが、一番若いボノボは1歳半ほどで、キンシャサ市内の遊興施設から救出されたオスだった。15年12月にはボノボをペットとして飼育していた男性から押収された3歳のボノボが運ばれてきた。これらの事実は今でも野生のボノボが密猟され、密輸されていることを示している。DRCでは、内戦や政情不安が続く中、官僚や軍の腐敗も深刻で、法律はあってもその執行は極めて不十分、場合によっては官僚や軍が密猟、密輸に手を貸しているとも指摘されている。

この保護施設はボノボの生態や行動の研究者、観光客を受け入れており、野生に近い姿のボノボを見る機会を提供してくれる。だが、ここで飼育されているボノボは飼育下のボノボによく見られるように毛が抜けたり、自分で抜いてしまったりする個体が多く、野生のボノボとは違ってかなり貧相に見える。

### 食料目当てに

ペット目当ての狩猟よりもボノボにとって大きな脅威は生息地周辺にいる人々や町の住民のタンパク源、つまり食料として法律に違反してボノボが狩猟の対象とされていることだろう。ゴリラのところでも紹介したように、このような食料は「ブッシュミート」と呼ばれ、アフリカの多くの国に共通した野生生物保護上の大きな問題になっている。もともとボノボの生息地周辺の住民の中には、さまざまなタブーがあってボノボを捕らえて食べるケースは少なかったとされている。先に紹介したバリでもそうだった。

だが、急速な人口増加や慢性的な貧困と食料不足によってボノボを食料として捕獲するケースが増え、内戦や政情不安によって、生息地の外部からタブーを持たない人々が流入してきたことがこの傾向を助長した。内戦によって多数の銃器が出回ったことも一因だが、住民手作りの簡単な銃や吹き矢でもボノボを撃つことはさして困難ではないという。他の動物に比べて体が大きいボノボはブッシュミートハンターにとっては残念ながら格好の獲物だった。肉は住民のタンパク源にもなるし、燻製にして近くの町に売れば、現金収入を得ることもできる。DRC東部のボノボの主要生息地の1つでの調査では、年間270頭のボノボが殺され、ブッシュミートとして近くの町の8カ所の市場に送られていたことが報告されている。WWFなどのチームは、先に紹介したサロンガ国立公園でわずか4カ月の間に13頭のボノボの死がいと3頭の生きた孤児のボノボを見つけている。

保護施設の係員の膝の上でバナナを食べるボノボの子ども．ここには今でも保護されたボノボが運ばれてくる

ブッシュミート目当てに、地上にワイヤーでつくった簡単なくくりわなが多数しかけられ、これがゴリラにとっても脅威の1つになっていることを紹介したが、この状況はボノボにも共通している。くくりわなは、ボノボを捕ることを狙ったものではないが、時には地上を移動し、エサを食べることもあるボノボがわなに手足を挟ま

れるケースは少なくない。その場で命を落とすことはなくても、手足の先を失えば、生息にとっては大きな不利だし、傷が原因の感染症で命を落とすこともある。国立公園や保護区の中でも多数のくくりわなが見つかる状況はルワンダのゴリラ保護区とも共通している。

### 消える生息地

コンゴ川流域は、南米アマゾン川流域に次ぐ世界第2の規模の熱帯林地帯で、空からは広大な森林がどこまでも広がるのが見える。だが、DRCでも隣国のコンゴ共和国やカメルーンなどでも森林の伐採が急速に進み、法律や先住民の権利を無視した違法伐採も横行している。生息地の森林の商業目的の伐採や住民による農地開発のための森林破壊もボノボにとっての大きな脅威になっている。かつてはかなり持続的な形で行われてきた住民による焼き畑農業は、人口増加や大規模な農畜産業による焼き畑農業に姿を変え、周囲の森林生態系に大きな影響を及ぼしている。キンシャサからボノボの生息地を目指してボートで川をさかのぼった2日の間、広い範囲の焼き畑の煙が空高くまで上るのを頻繁に目にした。真っ赤な炎が見えることもしばしばだった。

内戦の終結によってDRCのボノボの森に戻ってきたのは研究者や保護関係者だけではなかった。農業開発や商業伐採を行う企業も違法伐採に従事する人々も戻ってきた。森林伐採のための伐採道路の建設は、密猟者の森へのアクセスを容易にする。森の中に巨大な伐採キャンプがつくられ、多数の労働者が外部から送り込まれることで、食料目当てのブッシュミートハンティングが急増する。アフリカ各地でみられるこんな状況から、DRCのボノボの森も無縁ではない。

立ち上るコンゴ川流域の焼き畑の煙

DRCの森林減少率は、カメルーンやコンゴ共和国などの周辺国に比べれば大きくはないが、２０００〜05年の年間0・22％が05〜10年には同0・25％と加速傾向にある。

「２０００〜２０１０年の間にDRCの森林は2・3％が失われ、後半5年間の減少率は前半5年間より13％超も大きかった」——。米国のサウスダコタ大学やメリーランド大学とDRCの研究機関は、人工衛星の画像分析結果から２０１１年、こんな結果を発表している。

森林の減少は特に原生林で深刻で、保護区が設定されている森に限ってみると、森林減少率は後半5年間に前半より64％も増えていた。ボノボにとって重要な人間の手が加わっていない森の破壊が深刻であることを示すデータである。

このほか、IUCNはエボラ出血熱やインフルエンザなどの人畜共通感染症のまん延もボノボにとっての大きな脅威の1つだと指摘している。人口が増え、農地開発や狩猟のために森に入る人間の数が増えれば、人間から病気をうつされるボノボも増えると考えるのが普通だ。先に紹介したバリでも、数年前に人間のインフルエンザにボノボが感染し、多くのボノボが死んだことが確認されている。

## 響く銃声

「バーン、バーン」。今世紀に入ってから新たに発見されたボノボの群れを求めてバリの森の中を歩き回っていたある日のこと、突然、森の中に2回の銃声が響いた。トラッカーや研究者にとって危険な狩猟は、村の合意で禁じられているはずだった。トラッカーの表情が強ばり、周囲に緊張が満ちる。

「あの音は外国製の散弾銃で、村でそれを持っているのは3人だけだ。急いで村に戻って調べたい」とトラッカーの1人が森の中に駆け足で姿を消す。「こんなことがここで起こってはいけないんだ。1発の銃弾がすべての努力を無にしてしまうこともある」と伊谷が苦々しげに言う。

ボノボ保護の重要性が周囲の村人すべてに理解されている訳ではなく、急激な人口増加と貧困は深刻だ。バリ地区の村には電気も水道も来ていない。先進国政府や市民団体から寄付された小さな太陽光パネルだけが電気の源で、日没後の人家は真っ暗だ。飲み水は森の中の小さなわき水と雨水タンクが頼りだ。

トラッカーの技術もまだまだ未熟で、森の中でボノボを何日間も見失ってしまうことも少なくない。観光客を呼ぶには、さまざまなインフラも必要になるが、資金は不足しがちで、遅々たる進展にいらだちを募らせる関係者もいる。森の中で禁じられた銃を発砲した人間の目星はついているが、村長はそれを表だって問題にすることには消極的だった。

ボノボが暮らすコンゴ共和国・バリの森

貧しい暮らしの中でも元気なバリ地区の村の子どもたち

敏腕トラッカーとなったヨボたち、バリの人々の努力が実るまでの道は長く、平坦ではない。だが「遠くから来た人にボノボを見せることができて本当によかった」と笑うヨボは意気軒昂だ。疲れ果てた足を引きずって村に戻れば、子どもたちが笑顔で集まってくる。村人も見慣れぬ外国人に友好的だ。

これらの地域住民が中心になってボノボ保全と地域の経済発展を両立させる道を探り、科学研究も同時に進めようというユニークな試みだ。徐々に人付けが進む貴重なボノボの群れが残るバリ地区の努力が実れば、ボノボ保護にとって久々のいいニュースとなるはずだ。

## 第2節　湖岸の類人猿　チンパンジー

出会いはあまりにも簡単だった。ガイドに連れられて湖岸のホテルを出てから森の中を歩いて約50分。降りだした雨の中、腕を組み、高さ3メートルほどの木の上にじっと座っている2頭のチンパンジーが見えた。「マスクをしてください。私より前に絶対でないように」とガイドが言う。やがてチンパンジーの群れは木々を伝わって移動を始める。中には地上に降りて森の中を歩くものもいる。木々の間を移動しながらじゃれ合う子どもたち。背中に子どもを乗せた母親が、森の中を走り去る。チンパンジーの動きは多様で素早く、目を奪われているうちにカメラのシャッターを切るのを忘れるほどだ。木に登る母親のお腹にしがみついた子どもの肌色の顔が目を引く。子どもは興味深げな目つきでじっとマスクをしてカメラを構える観光客を見ていた。遠くの木の上にはチンパンジーよりも小さな霊長類、アカコロブスのペアも見える。

アリュージャから小型飛行機を乗り継いで湖岸の町、キゴマへ。そこからボートでさらに3時間近くという片道10時間を超える旅の末、たどり着いたタンザニア西部・タンガニイカ湖のほとりに、マハレ山塊国立公園がある。日本の京都大学のチームが50年前から野生チンパンジーの研究を続けているこの地には、人間が近くに行っても恐れて逃げ出すことがない「人付け」されたチンパンジーの群れがいる。近年、タンガニイカ湖畔に観光客向けのホテルがいくつか造られ、森の中で野生のチンパンジーの姿を観察するエコツーリズムが盛んになってきた。

タンザニア政府の保護関係者は「都市部に比べて貧しい地域の発展のためにエコツーリズムによる観光収入は重要な手段だ。絶滅も心配されているチンパンジーを身近に見られる場所は世界にも少なく、欧州を中心に観光客の関心は高まっている」と話す。

森の中を歩いていると、巨大な倒木の上に子どものチンパンジーと大きなオスが一緒にいる姿に出くわした。そっと近づいても2頭は人間を気にするふうもない。オスはその大きな手で壊れ物に触るようにそっと子どもを抱いていた。やがて子どもは森の中で遊び始め、オスは後ろからやってきた別のチンパンジーにグルーミングを受け始める。少し離れた場所では別の大

チンパンジー

きなチンパンジーが地面にどっしりと座り、近くにある木の実を盛んに口に運んでいた。上を見ると高い木の上を身軽にわたって行くチンパンジーの姿が、熱帯の真っ青な空を背景にくっきりと見えた。わずかな時間のうちに、チンパンジーはそのさまざまな姿を訪れるものに見せてくる。

2011年の春、このツアーに同行した著名な霊長類学者で国際自然保護連合(IUCN)の霊長類専門家グループ議長のラッセル・ミッターマイヤーが「チンパンジーのそばではマスクをして人間の病気がチンパンジーにうつらないようにしたり、一定の距離を保ったりといったルールを守れば、エコツーリズムはチンパンジーの保護に貢献できる。都会からは遠い場所だが、ここで彼らの生き生きとした姿を見れば、多くの人が来るだけの価値はあったと思い、保護への関心も高まるだろう」と評価する。

マスク着用でチンパンジーを見るマハレのエコツーリスト

## アフリカ各地に

チンパンジーはアフリカに生息する大型霊長類で、近縁のボノボとともに人間に最も近い種だ。種としては1つだが、クロスリバーゴリラと生息域が近いナイジェリア・カメルーンチンパンジー、コンゴ民主共和国(DRC)からウガンダ、ブルンジからタンザニア西部などに分布するヒガシチンパンジー、中央アフリカやコンゴ共和国などにいるチュウオウチンパンジー、セネガルからガーナにかけての西アフリカにいるニシチンパンジーの4亜種に分けられる。ナイジェリア・カメルーンチンパンジーはその数が恐らく6000頭以下と少ない。ヒガシチンパンジーの多くはDRCにすんでいてその数は17万3000〜24万8000頭と推定されている。このほかウガンダ西部に5000頭、タンザニアには2500頭がいるとされる。また、チュウオウチンパンジーは14万頭、ニシチンパンジーは1万8000〜6万5000頭とかなり幅のある推定になっている。

日本のメディアにはしばしば、動物園や飼育施設で芸をするチンパンジーの姿が登場し、実験施設内や野外での観察からチンパンジーがさまざまな能力を持っていることがニュースとして取り上げられるが、野生のチンパンジーが厳しい生息状況に置かれ、絶滅が心配されていることを伝えるニュースは少ない。だが、IUCNはチンパンジーを「近い将来の絶滅の恐れが高い種」とし、特に亜種のニシチンパンジーについては「近い将来の絶滅の恐れが極めて高い種」としている。

ブッシュミートやペットとしての違法な狩猟、鉱山や農地開発による森林の破壊、そしてエボラ出血熱などの感染症と、チンパンジーを絶滅の淵にまで追いやる要因はゴリラやボノボの

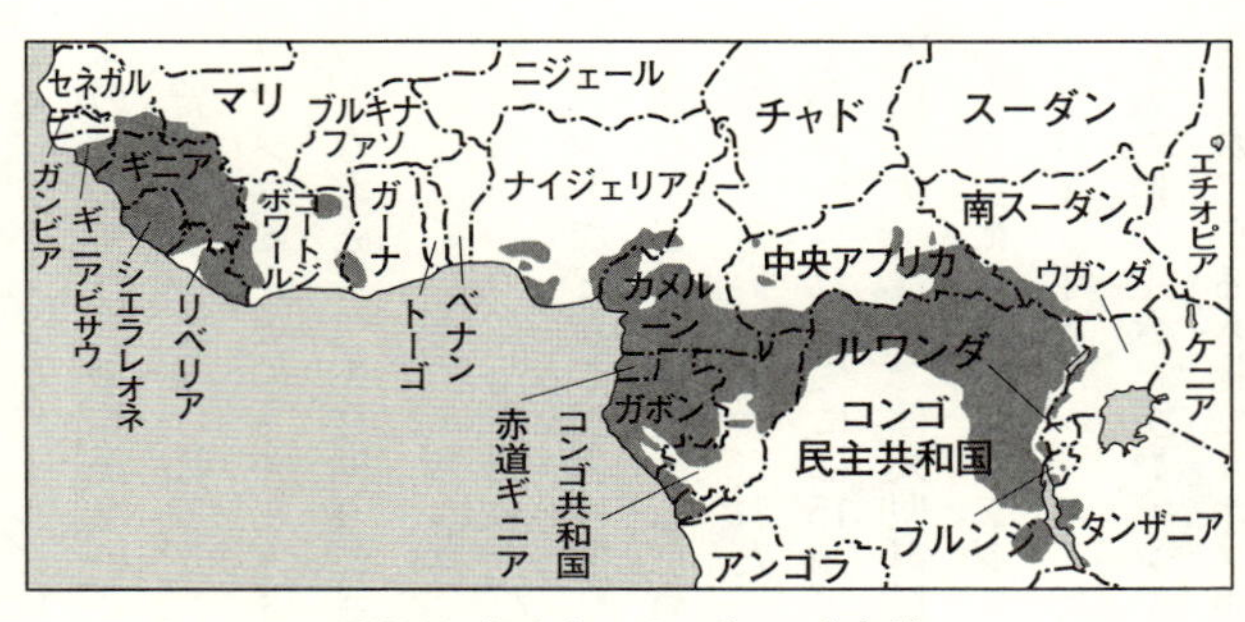

IUCNによるチンパンジーの分布域

ところで紹介したものとほぼ共通している。DRCから西アフリカ諸国までチンパンジーが暮らす地域には政情が不安定な国が多く、ゴリラ同様、紛争に巻き込まれて命を落とすチンパンジーも少なくない。最近ではほとんどなくなったが過去には医学実験などの実験動物として捕獲されたこともある。

## 高まる絶滅の危険

最も厳しい状況に置かれているのはニシチンパンジーだ。IUCNによると、西アフリカの森林は1980年代にはもともとあった面積の20％足らずに減り、森林破壊のペースは鈍ったもののその後も続いている。人口増加による焼き畑、農地開発、商業伐採などが深刻で、これがこの地域のチンパンジーの数が減った最大の原因だとされている。過去に確認例がある13の国のうち、ベナン、トーゴ、ブルキナファソの3カ国ではチンパンジーは絶滅したとされ、ギニアビサウ、セネガル、ガーナには200〜600頭を残すだけとなっている。コートジボワールにはまだ、8000頭程度がいるとみられるが、これはもともといたものの10％程度でしかないという。

狩猟によって殺されるチンパンジーも多い。ある調査によると、この地域に存在する大量のブッシュミートのうち1～3％がチンパンジーのものだという。チンパンジーは依然としてペットなどとして生け捕りにされているほか、農地を荒らしたとして農民に殺される例も報告されている。一部ではチンパンジーの手などが伝統的な医薬品として珍重されているし、森の中で罠にかかって死ぬ例も少なくない。

ペットなどとして生け捕りにされるのは主に子どもだ。群れで行動する大型霊長類の場合、1頭の子どもを捕獲するために場合によっては群れ全体が殺されることがあるだけに、その悪影響は大きい。捕獲された子どもが輸送中に死んでしまう確率などを考慮すると、1頭の子どもが押収された裏には15頭のゴリラが殺されていると考えられるとの調査結果もあるほどだ。

近年、アフリカでは大型霊長類をはじめとする生きた動物の密輸が増加傾向にあるとされている。背景にあるのは、アジア、特に中国の急激な経済成長だ。

2015年8月、ギニアでチンパンジーの違法取引の大物が逮捕された。この男性は08年から大規模な生きたチンパンジーの違法取引に関わり、数百頭のチンパンジーを海外に輸出したとされている人物で、ボノボやゴリラなどギニア以外の大型類人猿の密輸にも関与したとされている。きっかけはワシントン条約の調査団がギニアから10年に69頭のチンパンジーが違法に輸出された疑いがあると気付いたことだった。輸出先はほとんどが中国の動物園やサファリパークなどだった。市民団体や秘密調査員の調査でチンパンジー138頭、ゴリラ10頭、ボノボ数頭が中国に違法に輸出され、これには中国企業が関与していることなどが明らかになった。

この人物がなぜ、これほどの密輸に関与することができたのか。それは彼がギニアの野生生物管理当局のトップとして、ワシントン条約での生物の輸出を許可する組織や違法な野生生物取引を摘発する組織のトップの仕事についていたからだ。インターポールやワシントン条約のチームによる調査では、この人物がサインした偽造の輸出許可証が大量に見つかったという。多くの違法取引の相手はアジア諸国、特に中国の、動物園やサファリパークで、違法なものと知りながら、高額の報酬を払うという実態がある。

もともと数が少なかったナイジェリア・カメルーンチンパンジーも個体数が減少傾向にあり、カメルーンに3000頭、ナイジェリアに2000頭しかいなくなった可能性がある。

西アフリカではチンパンジーの保護区の設定があまり進んでおらず、生息域のわずか6％でしかなく、保護区の中に暮らしているチンパンジーは全体の25～45％にとどまる。

IUCNの専門家グループは「過去30年に西アフリカにいたチンパンジーの75％が失われた可能性がある」と指摘。残された主要な生息地にチンパンジーの保護区をつくり、保護区の間のネットワークをつくり、生息地のこれ以上の分断を防ぐなどの対策を取ることが急務だとしている。

### 東部も深刻

ヒガシチンパンジーやチュウオウチンパンジーの状況も西部の亜種同様に厳しい。特にヒガシチンパンジーの場合、主要な生息地が内戦や政情不安が深刻なDRCであるだけになかなか保護の手が回らないという事情もある。ヒガシローランドゴリラとヒガシチンパンジーをめぐる状況はかなり似通っている。

その状況は2016年に世界野生生物保護協会(WCS)などが発表したDRCと周辺国での生息調査に詳しい。政情不安が深刻な中、可能な限りの現地調査に、地域住民からの聞き取り調査や国立公園のパトロールの結果などを加え、ヒガシローランドゴリラとヒガシチンパンジーの生息数を調べた結果、ヒガシチンパンジーの推定個体数は3万7740頭で、過去20年に22～45%減ったとの結果だった。ゴリラの状況はさらに深刻でその個体数は3800頭、20年間の減少率は77～93%で、先に述べたように、これが16年にヒガシゴリラが最も絶滅危惧ランクの高い種とされる根拠となった。

WCSの研究グループは「ヒガシチンパンジーの生息地の多くが反政府組織や民兵組織の支

配下にあり、多くの民兵組織が資金源にするために、小規模な鉱山を各地で経営している」と分析。「これらの鉱山の多くは作業員の食料としてブッシュミートに依存、体の大きい(チンパンジーやゴリラなどの)類人猿は獲物として特に好まれている」と、個体数減少と拡大するブッシュミートハンティングの関連を指摘した。

チュウオウチンパンジーの減少は、ヒガシチンパンジーほど深刻ではなく、その数も14万頭とかなり多いが、やはりブッシュミートハンティングは深刻で、森林の破壊も続いている。

### ジェーン・グドール

チンパンジーの保護と研究を語るとき、タンザニア・タンガニイカ湖のほとり、ゴンベで早くから研究に取り組み、チンパンジーが道具を使うことなどを初めて報告したジェーン・グドールを忘れることはできない。彼女も、マウンテンゴリラの研究をしたダイアン・フォッシー、後に紹介するオランウータンの研究者、ビルーテ・ガルディカス同様、著名な人類学者、リチャード・リーキーに見いだされた人物で、後に「リーキーズ・エンジェル」と呼ばれた3人のうちの1人である。

半年にわたる努力の末に初めてチンパンジーの「人付け」に成功したグドールは、チンパンジーの行動や社会関係、家族関係などでそれまで世界の人々が知らなかった事実を次々と現場から報告し、注目された。

多くの科学的業績を上げる一方で、彼女が拠点としていたゴンベ渓流研究センターを基礎にジェーン・グドール研究所を設立し、チンパンジーをはじめとする類人猿の保全活動や研究、政策提言、地元の持続可能な開発や女性のエンパワーメントのためのプロジェクトの実施など幅広い活動を続けている。森林破壊や密猟の背景にある貧困を無くすため、森林が破壊された場所で栽培できる新たな農産物の開発支援などを進めているし、現地の人々の生活レベル向上を図った上で、保護への理解を呼び掛けていくことの重要性を各国の為政者に訴えている。

今ではチンパンジーの保護活動に熱心なグドールだが、チンパンジー研究で名をあげたころは、ゴンベ以外のチンパンジー保護活動やチンパンジーを動物実験に使うことに反対する運動への協力を求めたが、はかばかしい返事がなく、何人もの人に腹を立てさせたこともあった。グドールをよく知る人によると、彼女が人が変わったようにチンパンジーの保護と愛護活動に身を投じるようになったのは1986年、シカゴで開かれたチンパンジーに関するシンポジウム以来だという。グドールは彼女の研究の集大成である『ゴンベのチンパンジー』を上梓した直後だったが、このシンポジウムで報告されたのは、各地のチンパンジーが置かれた状況がいかに近年、悪化しているかが中心で「このままでは近い将来に研究すべきチンパンジーがいなくなってしまう」との意見まで出たという。グドールを知る人が「まるで彼女は天啓に打たれたみたいだった」と言うほど、以来、グドールはチンパンジーの保護と愛護活動、特にチンパンジーが多くの医学研究機関で、劣悪な環境で飼育され、残虐な動物実験に使用されていることの告発に努力を傾注するようになる。知人が驚くようなハードスケジュールで各地を回り、講演をする日が始まった。

ジェーン・グドール(左)とIUCNの霊長類専門家グループ議長，ラッセル・ミッターマイヤー

80歳を超えた今もグドールは、世界各地で講演をするなどしてチンパンジーとそれが生息する森を守ることの意義を訴えている。筆者はワシントン特派員時代の2003年4月、米国の国務省でグドールが参加したイベントを取材した経験がある。京都議定書からの離脱など環境保全に後ろ向きなブッシュ政権だったが、前年、リオデジャネイロの地球サミットから10年になるのを機にヨハネスブルクで開かれた「リオ＋10」ではコンゴ川流域の森林保全と持続可能な発展のためのプロジェクトを始めるなど自然保護には熱心な姿勢を見せていた。背景にあるのは当時のパウエル国務長官とグドールの親交だった。

アースデーを記念するこのシンポで、グドールは自らの話を、チンパンジーが森の中で呼び合う時の鋭い声の鳴き真似から始め、周囲を驚嘆させた後、「チンパンジーが生息する森林は分断され、個体数が維持できなくなっている」と指摘。食料目当ての野生生物捕獲の根絶などの必要性を強調した。パウエル長官は「2005年までに5000万ドルを拠出、保護団体や企業とも協力して、世界で2番目に大きい熱帯林の原生林が残るこの流域の保全を進める」と述べ、以降、米国政府はコンゴ川流域への関与を続けている。

### 人のダークサイド

グドールはゴンベで研究に没頭していた時から、チンパンジーが置かれた厳しい状況とそれに関わる人間活動の問題をよく知っていた。著書『森の隣人』の中で「たくさんの場所で、チンパンジーの肉は美味なものとして高価な値を呼んでいる。そして蛋白質が欠乏したアフリカ人によって、生肉市場で細切れにされた母親の側で、肥らせてあとで食べるものとして売りに出されたチンプの幼児が縛られているという恐ろしい話がある」と深刻なブッシュミートハンティングの現状を紹介し、「農業と林業の拡大で、チンパンジーの生命と言える生息場所が脅かされている」と指摘している。

これは遠い昔の話ではない。グドールは2003年、筆者とのインタビューの中でも「密猟はブッシュミートハンティングと呼ばれる。貧しい人が食べるためではなく、都市部に住む人々のぜいたくのために野生生物が殺され、肉が売られている。違法伐採のために森に入っている人々が自分の食料と現金収入目当てに密猟をする実態もあり、森林破壊とも密接にかかわっている」「密猟は組織的なもので、類人猿に限らず、動物なら何でも密猟の対象だ。肉は高値で取引され、ハンターにも仲買人にも大きな収入になる。密猟を見逃した政府の役人にも、わいろとして多額の金が支払われているはずだ」と指摘していた。そして、「類人猿を巡る状況はどんどん悪くなっていて、重要な生息地の1つ、アフリカのコンゴ川流域では、肉目当ての密猟や森林破壊が依然として深刻だ。チンパンジーは100頭程度の小さなグループに分断され、群れを維持するのに必要な個体数よりも少なくなっている」と強い懸念を表明した。

それでもグドールは、米国政府のコンゴ川流域の保全への協力などの例をあげ、「ブッシュミートにしても、アフリカの関係国政府間でも問題の重要性への認識が深まりつつあり、事態は少しずつ変化している。分断された生息地や保護区の間を回廊でつなぎ、集団間の交流ができるようにすること。難しいことではあるけれど、今以上の森林伐採が防げれば、自然の再生力を利用して回廊をつくることは可能だ」と述べるなど、常に前向きだった。

「日本人も政府の資金協力はもちろん、市民も保護団体などを通じて類人猿の保護に協力できるし、研究者の保全への貢献も大切だ。世界中の環境や社会が今ほど厳しい状況に置かれたことはなく、米国のブッシュ政権は環境保全に後ろ向きとあって、人々は希望を失いがちだが、一人ひとりが毎日の暮らしの中で行動すれば、世界は変えられるということを忘れないでほしい」と話していたことが記憶に残っている。

グドールの著書の邦訳書のタイトルは『森の隣人』というお気楽なものだが、1971年に出版された原書は「In the Shadow of Man」である。同書の後半には同タイトルの1節があり、「われわれはみんな、チンパンジーの生存を可能にし、少なくとも(彼らに)進化の機会を与えることに強い関心をもたねばならない」と書いている。続く章のタイトルは「人間の非人間性」である。「すぐれた頭脳と知能を持つ人間のみが森の中のチンパンジーの自由の上に暗い運命の陰を落としている」と書くグドールは、当時から人間がチンパンジーの生存を脅かしていることの重大さを早くから熟知していたはずだ。後にグドールがチンパンジーの保護や愛護活動に献身するようになったことは筆者には不思議には思われない。

### エコツーリズム

チンパンジーの保全のための方策の1つは、冒頭で紹介したルワンダのマウンテンゴリラのようなエコツーリズムの推進だ。チンパンジーツーリズムは、タンザニアのほか、ウガンダ、ルワンダ、DRCなどで始まっている。京都大学のグループは、ウガンダではゴリラとチンパンジーを対象にしたツーリズムからの収入は、この国の全観光収入の52%を占めると報告している。マハレのチンパンジーツーリズムは、商業ベースの観光業がかなり盛んになっている。都市部からは短くても10時間以上かかり、宿泊料金も決して安くはないが、タンガニイカ湖の畔のマハレにはかなり立派なエコツーリズムホテルが何軒か建っている。ここでは本格的な地元料理が味わえ、レイクビューのオープンエアの部屋はなかなか快適だ。チンパンジーの生態などに関するレクチャーやガイドの解説のレベルも高い。チンパンジーツアー以外にもタンガニイカ湖での湖水浴やボートツアーなども用意されている。

マハレ・タンガニイカ湖畔に建つエコツーリスト向けホテル

一方で年間1000人を超えるまでになった多数の観光客の受け入れによる問題も指摘されている。マハレでは、10年ほど前に12頭のチンパンジーが呼吸器系の感染症で死に、観光客からの感染が疑われた。京都大学などの調査では政府が1日3組に限っているにもかかわらず、それを超える数のグループが森に入るケースもあり、トラッカーやガイドも含めると1日最大で40人近くがマハレのチンパンジー集団を訪れることが分かった。研究者は「一時的であれ、60頭あまりしかいないチンパンジーの集団を1日に39人もの人間が訪れるのは、病気の感染やチンパンジーに与えるストレスを考えると多すぎると思われる」と指摘している。

定められたマスクをしないでチンパンジーに近づいたり、フラッシュを使って写真を撮ったりという問題のある行動も日本やドイツの研究者から指摘されている。

大きな収入が得られるだけに、政府もツアーオペレーターも観光客の受け入れ数を増やしたがるし、ガイドは時にはチップ目当てに規制を破ってチンパンジーに近づきすぎることがある。政府主導で観光業が推進されるため、収入が地元のコミュニティに十分に還元されないといった問題も指摘されている。これは近年、エコツーリズム先進国のルワンダでも起こっている問題だ。マハレでは、チンパンジー12頭の死に危機感を持った研究者からの助言で、グループを訪れる時間や受け入れ人数に厳しい制限が加えられ、マスクの着用を徹底するようになっている。

マハレ山塊国立公園にはまだまだ豊かな自然が残る。ボートで湖岸を行くと、野生のカバが姿を見せ、湖岸の森には、人付けされていないチンパンジーの群れが姿を見せることもある。猛禽類やカワセミなど鳥の姿も多い。

同じタンガニイカ湖の畔にあるゴンベでジェーン・グドールが世界で初めてチンパンジーの

人付けに成功したのとほぼ同時期に、マハレでチンパンジーの人付けに成功し、生態研究で大きな成果をあげたのは京都大学の西田利貞（故人）だった。研究一筋と言われた西田は晩年、絶滅の恐れがある霊長類保護の重要性を口にする機会が多かった。筆者がマハレに取材に行くことを伝えると西田は「マハレの魅力はチンパンジーだけではありません。周囲には見るべき自然があるし、湖での水浴もできる。チンパンジーの保全のためにもエコツーリズムをぜひ、盛んにしたい」と語ってくれた。

美しい風景が残るマハレ・タンガニイカ湖畔

グドールのフィールドであるゴンベ渓流国立公園でも観光客の受け入れが始まっている。当面、マハレのチンパンジーもゴンベのチンパンジーもその将来は安泰のように思える。だが、これは多くのチンパンジーが暮らす森の中ではあくまでも例外中の例外だ。これまで紹介してきたように多くのチンパンジーの生息地がバラバラに分断され、さまざまな脅威にさらされている。マハレやゴンベの事例を他の地域に伝え、住民を巻き込んでチンパンジーを守る方策を探る努力の糧にしてもらう取り組みが必要だ。

## 第3節　キツネザルの楽園

首都、アンタナナリボからそう遠くないアンダシベ国立公園。思ったよりも見通しのいい森の中に足を踏み入れた途端、森の中から鋭く高い動物の鳴き声が響き、周囲の空気を震わせた。ガイドの後について声のする方へ急ぐ。やがて目の前の高さ15メートルほどの木の上に、もっこりとした白と黒の毛皮をまとった1頭の動物の姿が見えた。遠くを見ながら、時折鋭い声を発する。とがった鼻先を見ると、この動物が「キツネ」ザルと呼ばれる動物の1種であることを納得させられる。声の主はインドリという。アフリカ東岸のインド洋の島、マダガスカルに100種類以上いるキツネザルの中で最大の動物だ。

この国には、国立公園や森林保護区、絶滅の恐れが極めて高いキツネザルの繁殖に半自然の状態で取り組む施設などが各地に散在している。公共交通が発達していないため、それらをめぐるのは非常に時間がかかる。人々であふれる首都の近郊には貧しい民家が建ち並び、小さな水田があちこちに見えるが、やがて民家が少なくなるとそこに広がるのは、なだらかな土地をびっしりと埋める畑や水田、そしてほとんど植物が生えていない荒れ地だ。

マダガスカルの霊長類研究で知られ、いくつかの新種のキツネザルを発見したことでも知られるラッセル・ミッターマイヤーが「マダガスカルではもともとあった森の90%以上が既に失われてしまった。急激な人口増加と貧困が背景で農地に変えられたのだが、短期間で作物が育たなくなり、放棄された荒れ地や砂漠化した土地も多い。これからは長く、退屈な風景が続くよ」と解説してくれた。彼の言葉通り、なだらかな斜面にどこまでも荒れ地が続く光景が目の前に広がりだした。

最大のキツネザル，インドリ．よく通る鳴き声が特徴だ

首都から西岸に向かって小型飛行機で島を横断すると、眼下に鋭い灰色の針山が続く光景が見えてくる。ツィンギ・デ・ベマラ厳正自然保護区だ。石灰岩の台地が長い間かけて浸食され、人を寄せ付けないような地形を作った。「マダガスカルのキツネザルはさまざまな環境に適応して多様な進化を遂げた。この針山にすんでいるキツネザルもいる」とミッターマイヤー。

だが今、ここマダガスカルでは多くのキツネザルが絶滅の危機に瀕している。長い時間をかけて、この小さな島の各地でそれぞれ独特の進化を遂げた生物の歴史が、人間という霊長類の所業によってわれわれの世代で途絶えさせられようとしているのだ。

## すべてが固有種

「103種のマダガスカルのキツネザルのうち、絶滅の恐れがあるとされたのは93種に達する。きちんとしたデータがあるもののうち94%が絶滅の恐れがあるとの結果で、マダガスカルのキツネザルは世界で最も生存が脅かされている動物種だと言える」――。国際自然保護連合（IUCN）は2013年8月、キツネザルの現状と今後の保護戦略をまとめた大部の報告書を発表し、こう指摘した。08年の評価では101種のうち絶滅の恐れが高いとされたのは37種だけだった。この時「データ不足」とされた42種について詳しく調べてみたところ、多くが絶滅危惧種とされたことを意味している。

IUCNによると93種のうち、3段階のうちで最も絶滅の危険度が高いとされた種は24種で、08年の6種から大幅に増えた。2番目のランクの種数は49種、絶滅危惧のリスクが最も低いランクの種は20種だった。08年にはそれぞれ17種、14種だったので、いずれもかなり数が多くなっている。

最も絶滅の危険度が高いとされたのはインドリのほか、3種のネズミキツネザル、マングースキツネザル、クロシロエリマキキツネザル、オオタケキツネザルなどだ。ふわふわの毛が美しいシルキーシファカは推定の個体数が250頭程度しかいなくなり、絶滅寸前だ。横っ飛びにジャンプしながら移動する姿がしばしばテレビなどで取り上げられるベロシファカやアイアイ、ワオキツネザルは、それより1ランク下がるものの「近い将来の絶滅の恐れが高い種」とされた。

アフリカ大陸の東岸、インド洋のマダガスカル島は面積58万7000平方キロと日本の1・5倍近くの広さを持つ島国だ。ここには原猿類という原始的な霊長類の1つで、キツネザルと呼ばれる多くの霊長類が暮らしている。その種類数は最新の評価では107種に上り、1国ではブラジルの132種に次ぐ世界第2位の多さだが、マダガスカルの霊長類の重要性は107種のすべてがマダガスカルにしかいないこの国の固有種であるという点だ。ちなみにブラジルの132種のうち、固有種は81種である。

最も大きなキツネザルは先に紹介したインドリで体長は70センチ近く、体重は10キロ近くになる。最も小さいキツネザルはネズミキツネザルの仲間で体重は30グラム、体長は10センチにも満たない。中でも小さいのは2000年に新種とされたマダムベルテネズミキツネザルで、これが世界で最も小さい霊長類だとされる。日本の童謡に歌われたアイアイもキツネザルの1種でマダガスカルの固有種だし、リング状の尻尾の模様からこの名があるワオキツネザルも日本ではよく知られている。大型のものから小型のものまで、昼行性のものから夜行性のものま

ウーリーキツネザル

クロシロエリマキキツネザル

オオタケキツネザル

マングースキツネザル

ワオキツネザル

ベロシファカ

で、食性もさまざまで、キツネザルの多様性には驚くべきものがある。しかも研究が進むに連れて、マダガスカルでは新種と確認されるキツネザルが増えている。１９９０年以降、新種と確認された霊長類は１００種を超えるが、このうちほぼ半分の51種がマダガスカルの霊長類だった。

## 種類はさまざま

インドリは白と黒の毛や、とがった鼻先が特徴的な美しいキツネザルで、マダガスカル東部から東南部にかけての低地に近い熱帯林の樹上で暮らす。オスとメスのペアを中心とする数頭のグループで行動することが多い。特徴的なのは冒頭で紹介したその鳴き声で、その声は2キロ先まで聞こえるという。個体数の推計値は１０００〜1万頭とかなり幅があるが、近年、生息密度が少なくなっていることからその数が急速に減っているとみられている。

最も小さいマダムベルテネズミキツネザルは、マダガスカル西部の海岸近くの限られた地域にだけしかみつからない。現在の生息域の広さは８１０平方キロと言われ、個体数は約８００0頭とされているが、詳しいことは分かっていない。生息地周辺では森林破壊が深刻で、絶滅が心配されている。

アイアイは夜行性のキツネザルで現生では1属1種で、童謡に歌われた大きな耳と目、長い尾が特徴的な霊長類だ。前足の中指が目立って長いことも特徴の1つで、これを使って、樹皮の下や木の穴の中にいる昆虫の幼虫などを引きずり出して食べる。「世界の奇妙な動物ランキング」や「醜い霊長類ランキング」の常連だ。現地名のアイアイが定着する前は「ユビザル」と呼ばれたこともある。マダガスカルでは「死に神の化身」と言わることもあり、大事にされているとは言い難い。長い指を使って農作物や果物に穴を開けることもあるので、害獣として駆除されるケースも多い。分布域も個体数も限られ、一時は絶滅したと考えられたこともあるキツネザルだ。

## ホットスポット

マダガスカルには、キツネザル以外にも、鳥やカメレオン、両生類など、約1億6000万年前にアフリカ大陸から離れて以降、島の中で独自の進化を遂げた多くの固有種が生息し、「生物多様性のホットスポット」の1つだとされている。植物の多様性も高く、とっくりのような独特の形で、童話『星の王子さま』にも登場するバオバブの木もマダガスカルに広く自生する。そのほとんどが固有種だ。多数の固有種があり、生物多様性が豊かなことがホットスポットとされる条件の1つだが、その生態系の多くが既に失われてしまっていることも条件の1つだ。マダガスカルでは人口増加にともなう農地開発や鉱山開発などの影響で、もともとあった森林の90％以上が既に失われてしまい、残る森林の面積は5万〜6万平方キロしかないとされている。

マダガスカルで森林破壊が急激に進んだのは1970〜90年代にかけてで、このころは年間1・7％のペースで森がなくなっていた。他の発展途上国と異なり、マダガスカルでは大規模な商業伐採やアブラヤシのプランテーションなどはあまり存在しない。マダガスカルの森林が失われたのは、年率2・7％近くという急速な人口増加によって小規模な農地開発が各地で進

多くの固有種のカメレオンも生息する

1匹数百万円で売られていたこともある絶滅危惧種の亀，ヘサキリクガメも固有種だ

ユニークな形をしたバオバブの木が立ち並ぶ道

んだことが主な原因と考えられている。それだけにこれを防ぐ対策は難しい。マダガスカルの農民の間では、森を切って木が乾くまで地上に放置し、木が乾燥したところで火をつけ、農地に養分を供給するという焼き畑農業が広く行われている。これは今でも農村部にゆくとしばしば目にする光景だ。これが急拡大したことで、荒れ地となる土地が増えるだけでなく、乾燥期には大規模な山火事の原因にもなり、森林破壊が加速する。一部ではさまざまな技術によって米の収量を上げるような試みもなされているが、マダガスカルの農村部の貧しい農民にとっては、伝統的なこの焼き畑以外の耕作方法がないというのが実情だ。

荒廃した土地がどこまでも続く光景がひんぱんに見られる

路上で売られている木炭

マダガスカルの森林が失われているもう1つの原因は木炭製造のための森林伐採だ。といってもコンゴ民主共和国（DRC）のような大規模な産業ではなく、やはり電気もガスもない所で日常のエネルギーを木材や木炭に頼るしかない地方の人々による木炭生産だ。日本のような炭焼き窯でなく、ルワンダの貧困地帯に見られたのと同様、地面に穴を掘って長期間、木材をいぶすという簡単な方法で大量の木炭が生産される。マダガスカルの道を車で走っていると、道ばたでかごに入れられて木炭が売られているのをあちこちで目にする。最近、都市部ではガスや電気が整備されるようになってきたが、まだまだ価格の安い木炭の需要は根強く、大きなトラックに木炭が積まれて都市部に運ばれてゆく光景も頻繁に目にした。木炭は貧しい住民にとっての現金収入にもなっている。この木炭製造は、焼き畑と同様、森林破壊の大きな原因の1つだし、山火事の原因にもなっている。

### 違法伐採

アフリカ大陸の森ほどではないが、マダガスカルの森でも商業伐採は行われている。アクセスが悪いことから大陸諸国ほど注目されてはいなかったが、大陸の森林で高価な樹種や大径木が減少するのに連れて、マダガスカルの森林資源も注目されるようになった。特にローズウッドや黒檀などの高価な樹種が伐採されている。過去には主に都市部での建築用に森林が伐採されていたのだが、他国での森林資源の減少とアジア、特に中国での木材需要の急増を背景に、マダガスカルの木材輸出量は急速に増えている。1990年代後半から2007年までの輸出量は年間数千トンとそれほど多くはなかったのだが、ある調査によると08年には1万3000トンに、09年には3万5000トンを超えるまでに急増した。

地方分権が進んだことによって、地方政府が収入源としてそれまで伐採を認めてこなかった場所での伐採を認めるようになったし、保護区や場合によっては国立公園内での違法な伐採も後を絶たない。2005年には国連教育科学文化機関（UNESCO）の自然遺産に登録されている2つの国立公園で、違法伐採が横行していることがUNESCOなどによって問題とされた。マダガスカルでは08年9月に軍の支援を背景にしたクーデターが発生、2人の大統領や何人もの首相が並び立つなど政治的な混乱が続き、国際援助がストップしたこともあって、環境破壊や密猟、野生生物の違法取引や森林の違法伐採などの環境犯罪が深刻化した。価値の高いローズウッドや黒檀などは森林保護区以外では既に少なくなっているため、かなりの部分が違法伐採のものだと指摘されている。極めて絶滅の恐れが高いとされるアカエリマキキツネザルのように、黒檀の木の葉を好んで食べるキツネザルは森林伐採の影響を受けることが多い。

通常、高価な樹種の伐採は、森林を皆伐するのではなく、択伐であるため、環境への影響は比較的、小さいとされる。だが、現場で見ると、たとえ択伐であっても伐採道路を建設し、伐採機器を入れるために広い範囲の森が伐採されるし、時には切った木の輸送用の筏をつくるために価値の低い木が多く切られることもあるので、森林伐採の影響は小さくないことが実感できる。

2013年、バンコクで開かれたワシントン条約の締約国会議は、国際的な商業取引によって絶滅する懸念が高まっているとして、マダガスカルのローズウッド48種と黒檀などを含むカキノキの仲間83種を条約の付属書2に掲載し、輸出入に当たっては輸出国の許可証の発行を義務づけることを決めた。マダガスカルで横行する違法伐採に国際社会が対応し始めた形だが、その効果が現れたかどうかは、現時点では分かっていない。

残されたわずかな森でも伐採が進む

## ニッケルは日本へ

鉱物資源の大規模な採掘もマダガスカルの自然破壊の要因の1つだ。チタンは耐久性の高さからパソコンや携帯電話などを含めて先進国で広く使われている。マダガスカルはチタンを含むイルメナイト鉱の主要産地の1つで、国際企業による開発が進められている。マダガスカル産のサファイアも有名だし、小規模な経営形態で金などの採掘も行われている。

マダガスカルの自然保護と鉱山開発の関連で保護関係者の大きな注目を集めたのが、マダガスカル東部にあるアンバトビーでの大規模ニッケル開発プロジェクトだ。ニッケルはステンレス合金の材料のほか、電池、電子材料などに広く使われ、携帯電話の爆発的な普及もあって近年、世界で需要が急増している。

アンバトビー・ニッケル鉱山からのパイプライン建設のために伐採された森林

アンバトビー鉱山は、ニューカレドニア、インドネシアのニッケル鉱山と並ぶ世界3大ニッケル鉱山の1つと言われ、推定埋蔵量は1億7000万トンと膨大だ。カナダの鉱山会社を中心に開発計画が持ち上がり、2005年には日本の住友商事も参加して、07年から本格的な開発が始まった。首都の東約80キロ、標高約900メートルの高地から海岸部の積み出し港までニッケル鉱を運ぶ全長220キロにもなるパイプラインの工事も付随する。
「伐採するのはユーカリなどの二次林で環境への影響はない」「森林や生物保護のための多様なプログラムを実施し、鉱山周辺には希少生物保護のためにバッファーゾーンを設置したし、絶滅危惧種の保護対策、生物が移動できるような橋の建設、大規模な植林など多様な環境保護の取り組みを行っている」というのが企業側の説明だが、地元の保護団体関係者からは「パイプラインがラムサール条約の登録湿地の中を通ることやパイプライン建設によって森林の分断が決定的になる」と懸念が示された。２００８年に筆者がパイプラインの建設現場を訪れた際には、既に大規模な森林伐採が広範囲に進んでいた。保護関係者は「パイプラインは2つの国立公園の間を通っている。本来は公園同士を緑の回廊をつくってつなぐべきなのだが、ここでは逆のことが起こっている」と批判的だった。鉱山は12年から操業を開始し、13年、初めて日本にここのニッケルが輸入されたことが大々的に報じられた。「日本が独自のニッケル資源を手にし、現地の雇用や開発にも貢献した」と喧伝されたプロジェクトだったのだが、住友商事は16年1月「アンバトビー事業で、約７７０億円の損失を計上する」と発表した。完工の時期が2年遅れ、総事業費が2倍に膨らむ一方で、ニッケル価格が下落し事業の収益性を低く見直す「減損処理」を迫られたのだ。

一方、鉱山周辺の森にすむ絶滅危惧種のインドリの寄生虫感染率が上がっていることなどが確認され、鉱山開発との関連が指摘されている。この事業が当初言われたようにマダガスカルにとっても、日本やカナダなどの先進国にとっても「ウィン・ウィン」のものとなったかというとはなはだ疑問である。

## キツネザルもブッシュミート

くくりわなにかかって死んだ後に焼かれるキツネザル、猟師によって射殺され担がれて運ばれるインドリ――。IUCNが2013年に発表したマダガスカルのキツネザルの現状や保護対策に関する報告書には、こんな生々しい写真が何枚も掲載されている。ごく最近になって、ただでも数が減ったマダガスカルのキツネザルを絶滅させてしまうのではないかと関係者を心配させているのが、ブッシュミートとして殺されるケースが増えていることだ。

筆者がマダガスカルのキツネザルの現状を取材したのは2008年8月だったが、この時、大陸のアフリカ諸国で深刻なブッシュミートハンティングがこの国で横行しているという話はあまり聞かなかったし、ある地方にはキツネザルを捕って食べることはしない、というタブーがあるとも聞かされた。だが、最近になってマダガスカルでも持続的とは思えないブッシュミートハンティングがキツネザルの減少に拍車を掛けていることを示す研究結果が相次いで発表されている。

英国・バンゴール大学などのグループは、マダガスカルの市民団体と協力して2000年から10年の間、マダガスカル東部を中心に1154家庭での聞き取り調査を実施、市場のモニター調査なども加えてブッシュミート消費の状況を調べた。その結果、法律で捕獲が禁じられている約30種類の動物を食べたことがある人が全体の95％に達し、10種類以上を食べている人の比率も45％に達した。30種の中にはインドリ、オオタケキツネザル、カンムリシファカなど絶滅の恐れが極めて高いとされるキツネザルも多く含まれていた。

市場調査では、哺乳類が売られているのが確認された489回のうち、246回は捕殺が厳しく禁じられている動物で、そのほとんどがキツネザルだった。ここでも、インドリ、アカエリマキキツネザル、クロシロエリマキキツネザル、カンムリシファカなど極めて絶滅の恐れが高いとされる種が多く見つかった。

中には依然としてキツネザルを食べない、というタブーがあることを口にする人も残っていたが、研究グループは過去の記録に比べて、多くの場所でこのタブーが消えつつあることを指摘している。鉱山開発や森林伐採、社会的な不安定などによって国内を移動する人口が増え、地域固有の風習が急速に過去のものとなりつつあるらしい。研究グループは「キツネザルの数が減っている現状からして、現在のブッシュミートハンティングは持続的なものとは言えず、このままでは地域の生態系や希少な動物に依存するエコツーリズム産業にも大きな悪影響が出る」と指摘し、新たな自然保護区の設定や法律の執行体制の改善を進める必要性を強調した。

マダガスカルのブッシュミートハンティングの現状に関して、これに続く調査としては米国のフィラデルフィア大学とマダガスカルのアンツィラナナ大学のグループが2013年の5〜

８月に行ったキツネザルの狩猟が盛んだとされる北部でのインタビューを基にした調査がある。このグループはマダガスカル国内21の町の１３４１家庭に対するインタビューと、９つの町の５２０のレストランなどでの実態調査から、キツネザルを含む多くの野生動物が違法に捕獲、消費されていることを確認した。野生動物の肉を食べる量は、地方の人よりも都会に暮らす人の方が多く、最大で１６６キロと、捕獲された場所からかなりの距離を隔てた場所まで運ばれていることも分かり、研究グループは「マダガスカルの野生動物の消費は、これまで考えられていたよりもずっと深く社会に定着したものになっていた」と分析している。

貧しい家や農地，水田が広がるマダガスカルの首都，アンタナナリボの郊外

　大きな問題の１つは、商業的に提供される鶏肉などより、ブッシュミートの方が鉄などの微量栄養素を多く含み、栄養のバランスも取れているという点だ。ブッシュミートを食べている子どもの方が、鉄欠乏症などの病気が少ないとされる。マダガスカルに限ったことではないが、農村部を中心に人口が増え、伐採作業や鉱山採掘などで働く貧しい労働者が地方で増えた結果、タンパク質を取るにはブッシュミートに頼らざるを得ない人々の数が増えているという現実がある。これ

らの人々は豊かな都市生活者のように金を払って肉を買うことなど望めない人々である。絶滅の恐れが高いキツネザルなどの狩猟を禁じる法律の執行体制を強化することは重要だが、場合によってはそれが、人々の栄養状態の低下や病気の拡大につながりかねないと懸念する研究者もいる。

貧しい農村部で、比較的質の高い養鶏業や魚の養殖業などを振興し、人々の生活レベルの向上を図る一方、栄養状態を悪化させることなく、ブッシュミートハンティングを減らす。そんなアイディアも提案されているが、残念ながらこれが広く普及するまでには至っていないのが現状である。

### 夜の森で

ある晩、マダガスカルの西側、アンカラファンツィカ国立公園で夜の森に踏み入った。指先ほどの大きさのカメレオンが木の葉の先にじっと止まっているかと思うと、少し先には体長15センチを超える大きな目をしたカメレオンがいる。森の中では見慣れぬ鳥が何羽も寄り添って羽を休めている。夜の森は昼間とはまったく光景を異にしている。ガイドがもつ懐中電灯の明かりが、うっそうとした木々の向こうの一点で止まる。「あそこにいる小さな動物が見えるか?」

目を凝らし、カメラを光の先に向けると望遠レンズのファインダーの中にネズミのような茶色い動物の背中が見える。ゆっくりとこちらを振り向いた動物の小さな目が光を反射して輝いた。夜行性のネズミキツネザルがほんのわずかな時間、姿を見せてくれた瞬間だった。

1週間ほどの取材の間だけでも、マダガスカルの自然は極めて多様なその姿を見せてくれた。だが、それは多くの生物がごく限られた場所に肩を寄せ合って生きていることの表れでもあるのだ。

世界最小の霊長類の1つ，ネズミキツネザル

# 第4章　アジアの多様な霊長類——ボルネオ島、ベトナム

## 第1節　森の人　オランウータン

まだ、午前中なのに照り付ける熱帯の日差しはジリジリと肌を刺す。小さなボートには日よけもないので、日の光から逃げ出す術はない。カラフルなくちばしと羽を持つサイチョウが行き交う森に遥か彼方からテナガザルの声が響き、時には絶滅危惧種のテングザルも姿を見せる。ゆっくりとした動きで木々を移動してきた茶色い影は、絶滅が心配されるオランウータンだ。長い手足を器用に使って果実を口に運ぶ。原生の熱帯林が残る村の周囲は、絶滅が心配される野生動物の楽園にみえる。マレーシア・ボルネオ島サバ州、キナバタンガン川沿い。人口１２００人ほどの小村スカウ周辺で、サバ州政府や市民団体、地元住民らが進めるオランウータンの保護と研究、彼らのための森林再生の取り組みが進んでいる。

村の小さな船着き場から30分ほどで、ボートは川沿いの研究エリアに着いた。プロジェクト

ボルネオオランウータン

チームのメンバーとボランティアが迎えてくれる。このチームの代表はミスリン・エラハンという若い女性で、スカウに本拠を置く環境保護団体「ＨＵＴＡＮ」のメンバーだ。

「ちょうどよかった。オランウータンはすぐそこにいます」とミスリンがゆっくりと森の中へ歩きだす。川沿いに残っていた森はすぐに途絶え、ここではお決まりのアブラヤシの広大な農場が始まる。両側にびっしりとアブラヤシが植えられた道をしばらく行くと、目の前に再び、熱帯の森が見えてきた。その森の中、高い木の上で小さな子どもを連れた大きなメスのオランウータンが、静かにえさを食べていた。時には子どもを抱えたまま木から木へと巧みに移動する。「彼女の名はジェニー。子どもはまだ生まれたばかりなので名前はついていません。そばにいる少し大きなオスの名はマルテュス、もう少し大きいオスはオーシャンで、いずれもジェニーの子どもです」とミスリンが説明する。「１９８０年以来、32〜33頭のオランウータンが確認されているこのエリアは保全にとっても研究にとっても非常に重要な場所です。出産能力のあるジェニーのようなメスが少なくとも3頭はいて、繁殖はかなりうまくいっていると言えます」。

周囲の森は原生林というにはほど遠いものの、比較的いい状態が保たれている。だが、こんな森でさえ今ではすっかり少なくなった。１９５０年代から始まった大規模な森林伐採の結果、多くの森が荒れ地に姿を変え、最近ではバイオ燃料や植物油を取るためにアブラヤシだけを広い範囲に植えるプランテーションが急拡大し、森林減少に拍車が掛かっている。広大な生息地を必要とするゾウやオランウータンにとって、生息地の「分断」は致命的だ。限られた土地の中に閉じ込められた動物は徐々に数が減る。えさを探して、あるいは別の生息地を求めて森を出る彼らは農場に入り込み、人間と衝突する。野生動物は敵視されるようになり、殺され、そ

オランウータンの保護に取り組むHUTANのミスリン・エラハン

うでなくても傷つけられるケースは増える一方だ。

このプロジェクトサイトでは、たまたま残っていた森を政府が伐採や開発を行わない場所に指定した。「オランウータンは長い距離を移動しながら森の中に植物の種子を広げる役割を持つ。オランウータンの健康な群れがいる森はきちんと保たれていると思う」とミスリンが言う。

ここのオランウータンは「人付け」がかなり進んでいて人間をあまり怖がらない。生まれたばかりの子どもを抱いたジェニーは、するすると木を伝ってすぐそばの人間の手が届きそうなところにまで降りてきた。母親にしっかりとつかまった子どもが大きな目でこちらを見つめる。オランウータン親子との距離が近づき過ぎたために、こちらが慌てて引き下がるほどだ。ジェ

ニー親子は再び、するすると別の木に登り、えさを食べ始める。チームの研究者はノートを広げ、それぞれのオランウータンの行動を記録するのに忙しい。

「日中は可能な限り、彼らを追跡し、行動や食性などを記録する。オランウータンを追い掛けているうちにたくさんのゾウの群れに出くわし、慌てて木に登って震えていたこともあった。気付いたらすぐ近くの木にオランウータンがつかまって下を見ているのに気づいて、おかしくなったけど」とミスリンは笑い飛ばすが、森の中での大型類人猿の研究は命がけだ。

## 森の人

マレー語で「森の人」を意味するオランウータンは、標高500メートル以下の低地の熱帯林で樹上生活をする大型類人猿で、絶滅の恐れが高いとされている。ここにいるボルネオオランウータンのほか、インドネシアのスマトラ島にスマトラオランウータンがすんでいる。オスは体長1メートル近く、体重90キロ近くになり、ゴリラに次いで大きな類人猿だ。赤茶色の長い毛が特徴で、両ほほが板のように張り出すチークパッドというものが発達するオスがいることも知られている。基本的には植物食の樹上生活者で、チンパンジーやゴリラのように大きな群れを作ることはほとんどない。

出産期間は長く、1度に生む子どもは1頭だけ、大型の類人猿であるだけに広大な森と多く

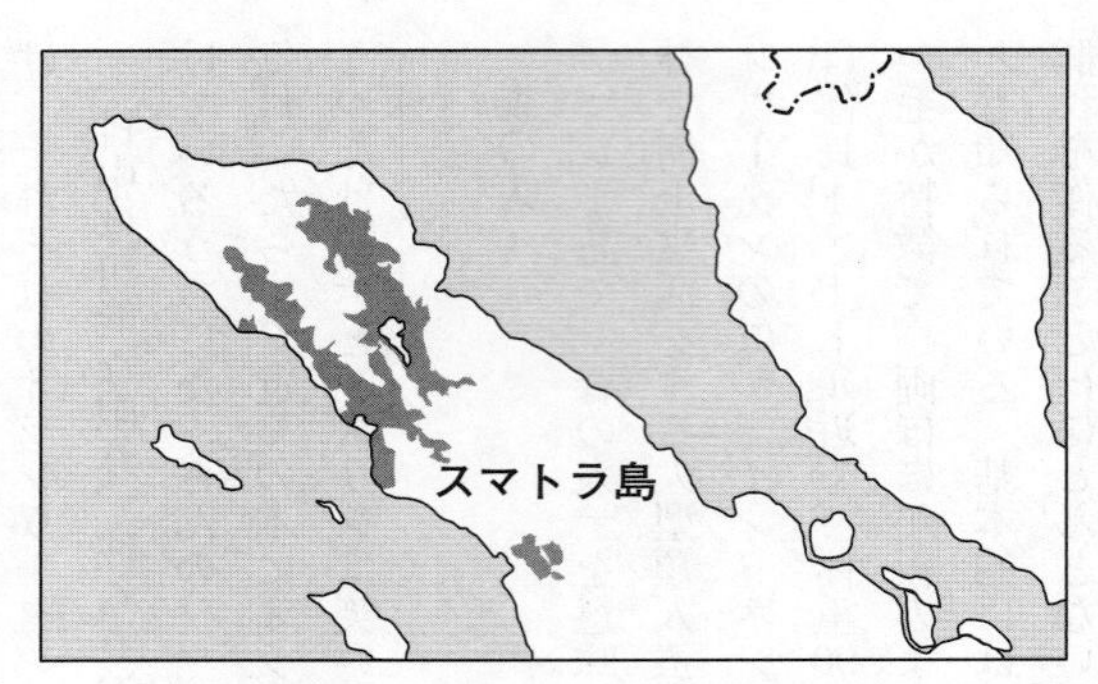


IUCN によるスマトラオランウータンの分布域

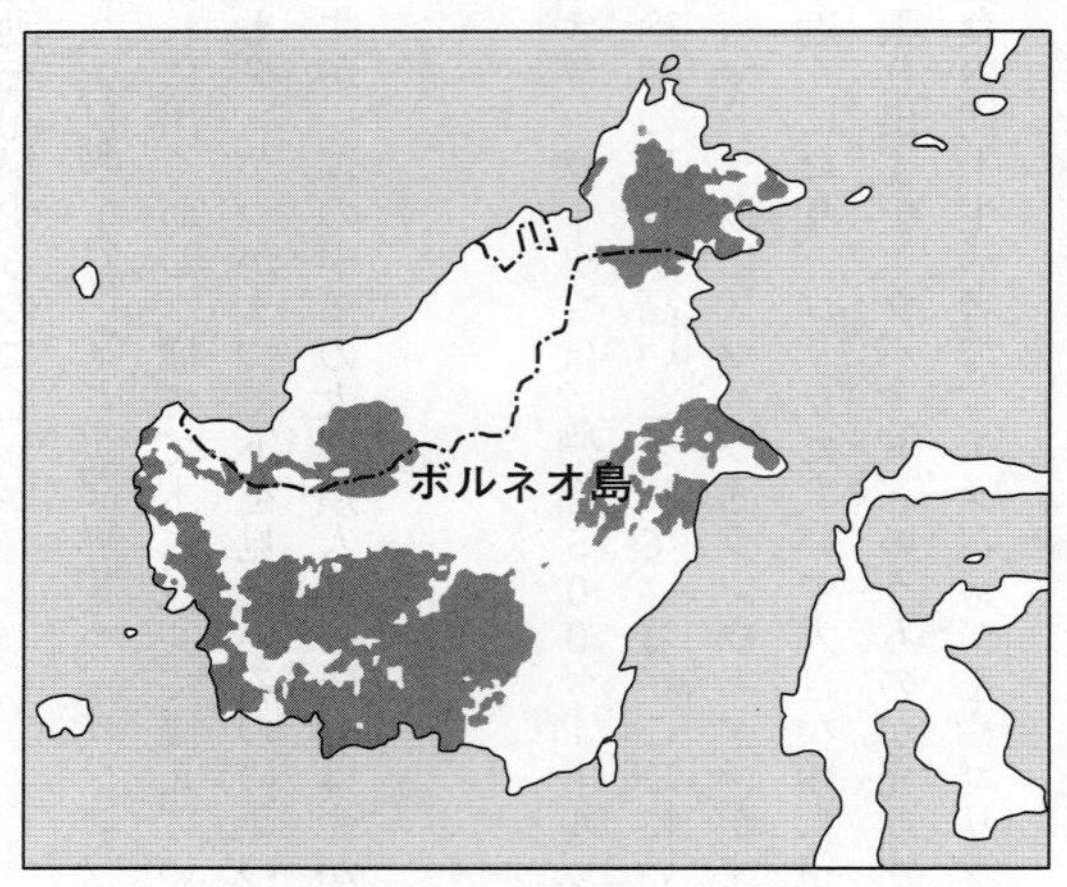


IUCN によるボルネオオランウータンの分布域

のえさを必要とする。にもかかわらず東南アジアの熱帯林は、ずっと以前から伐採や開発によって破壊され、生息地は分断され、狩猟の対象とされることも多い。オランウータンのような大型類人猿の数が減らないはずがない。右の図からみても分かるように2種のオランウータンの生息地はいずれも分断が進み、今ではごくわずかになってしまった。生息地の縮小と数の減少が特に深刻なスマトラオランウータンは、第1章の冒頭で紹介した「絶滅の恐れが高い25種の霊長類」のリストに名を連ねている。その中では「最新の推定個体数は6600頭で、多くの生息地が分断されている」と紹介されている。

ボルネオオランウータンも一時はサバ州だけで5万5000頭はいるとされたこともあったが、2010年のデータではその数は1万1000頭に減ったとされている。州内には森林保護区などが存在するが面積は限られ、オランウータンの約65%が保護区の外に生息しているという。

総個体数についての国際自然保護連合(IUCN)による最新の推定も極めて厳しいものだ。残された生息適地の面積と生息密度から推定した個体数は約10万頭で、1973年の推定数の28万8500頭から大幅に減っている。生息地の破壊が今のペースで続けば2025年にはこの数は4万7000頭にまで減ってしまうとの予測もある。

さらにオランウータンの数の減少に拍車を掛けているのが、違法取引や狩猟に歯止めがかかっていないということだ。ボルネオ島のカリマンタン地区だけでも年間2000〜3000頭のオランウータンがさまざまな理由で殺されているとのデータがある。

## 山火事の犠牲に

ボルネオ島で10年に1度程度発生する大規模な山火事もオランウータンにとってのもう1つの脅威になっている。ボルネオ島東部の国立公園は1983年と89年のエルニーニョの際に発生した大規模な山火事で90％近くが消失し、ここにすむオランウータンの数が4000頭から600頭にまで減ったことが報告されている。

インドネシアの環境保護団体「ボルネオ・オランウータン・サバイバル・ファウンデーション」によると、インドネシア側でも2005年には約800頭、06年には1000頭を超える多くのオランウータンが死んだという。ボルネオ島では15年にも16年にも大規模な山火事が発生し、オランウータンが犠牲になったことが報じられている。保護団体によると、山火事は自然に発生することもあるが、大規模なもののほとんどが、農地やアブラヤシの農園を開発するための違法な野焼きが大きな原因で、今後、地球温暖化が進めば山火事のリスクはさらに大きくなると懸念されている。

これらの要素が重なって、オランウータンの数は過去40年間で半減したとの試算もあり、

「このままでは今世紀半ばまでにオランウータンはほぼ絶滅状態に陥るだろう」というのがIUCNの見方だ。ボルネオオランウータンは2008年には、絶滅危機度が2番目のランクだったが、14年の最新の評価では、スマトラオランウータンとともに最も絶滅危機度が高い「近い将来の絶滅の恐れが極めて高い種」とされてしまった。

### 暗い将来

オランウータンの未来は厳しい。「現在のペースで森林破壊や地球温暖化が進めば、2080年には東南アジアのボルネオ島にすむ大型霊長類、オランウータンの生息地の80%が失われ、オランウータンは絶滅してしまう」――。国連の「大型類人猿保全計画(GRASP)」の研究グループは、2015年に発表した調査報告書でボルネオオランウータンの将来をこう予測している。

研究グループは、人工衛星の画像データなどを基に、ボルネオ島での森林破壊や温暖化の進行を予測するコンピューターモデルを開発。2080年にオランウータンの生息に適した森がどれだけ残っているかを調べた。

その結果、2010年には26万平方キロあったオランウータンの生息に適した森林の面積は、食用油生産のためのアブラヤシプランテーション開発を主な原因とした森林破壊によって15・

5%が失われる可能性が高いことが判明。人工衛星画像の解析からはインドネシアでオランウータンの主要な生息地となっている国立公園の多くで、違法な森林の伐採が続いていることも分かった。これに地球温暖化に伴い降水量の減少が見込まれる影響を加えると、2080年に残る生息適地は4万9000～8万3000平方キロしかなくなり、現在の生息適地の68～81%がなくなってしまうとの結果が出た。GRASPはオランウータン保護のため、森林保護区の設定や伐採規制など生息地保護対策の強化を勧告している。

## アブラヤシブーム

だが、現実は逆の方向に進んでいる。この20年ほどの間に、マレーシアとインドネシアというオランウータンの2つの生息国で、彼らの生息状況をさらに悪化させる要因が加わった。それは両国で急拡大するアブラヤシのプランテーションだ。アブラヤシはパームオイルという植物油の原料農作物だ。パームオイルは化粧品やハンバーガーなどの食品加工、菓子の製造などに広く使われ、日本はその輸入大国の1つだ。2006年には大豆油の生産量を超え、世界で最も大量に消費される植物油になった。インドネシアとマレーシアがその2大生産大国だ。

ボルネオ島に行くためにサンダカンの空港に高度を下げてゆく飛行機の窓から外を見ていると、まるでアブラヤシの海の中に飛行機で降りてゆくような錯覚を覚える。クアラルンプールの空港に降りてゆく時も同じだ。サンダカンからスカウまでの約120キロの陸路の両側はほぼすべてアブラヤシ畑で埋め尽くされ、高台から見下ろすと辺り一面、アブラヤシ畑がどこまでも続いているのが見える。筆者は2011年にもスカウ村とその周辺のオランウータンの姿を取材したことがあるのだが、4年後に訪れたときにはその面積はさらに広がり、以前はなかった新たな搾油工場が白い煙を上げていた。

アブラヤシの海

農場にはびっしりとアブラヤシが植えられ、周囲には動物や人間が立ち入らないように高圧電流が流れた柵が張り巡らされる。オランウータンやゾウにとっては移動を阻む巨大な障壁だ。川沿いから一定の幅には農園を造らないことなどが定められているが、中国などから莫大な資金が流れ込んで建設されるアブラヤシ農園からは大きな収入が得られるだけに川沿いの森林はどんどん細くなってゆく。アブラヤシの積み出し場所を造るために川まで森が切り倒され、土砂が川に流れ込んでいる場所もあちこちに見られる。

## 進む分断

アブラヤシ農園の拡大は、人権問題もはらむ。

トタン屋根の粗末な家の壁を、ブルドーザーがいとも簡単に突き破る。泣きじゃくる子どもの声、大声で抗議しながらブルドーザーに飛び掛かろうとする住民の男性。それを羽交い締めにして押しとどめる友人――。２０１１年の11月にこの地を取材した時、その少し前にスカウ村の郊外で起こったこんな事件のビデオを環境保護団体のメンバーが見せてくれた。「約１６０ヘクタールの土地に27家族が住んでいた。アブラヤシ農地の開発を目指す企業との土地の権利をめぐる訴訟に負け、多くの人が家を追い出された。子どもが怖がって泣いている姿は見ていられなかった」と、ビデオを撮影した保護団体のメンバーが言う。彼は「企業は多額の資金で有力な弁護士を雇えるし、政府にも顔が利く。訴訟では村人なんて相手にならない。アブラヤシプランテーションが、村人のためにならないという証拠だ」と怒りを隠さなかった。今、この場所はアブラヤシ農園となり、家は跡形もない。

電気柵

アブラヤシプランテーションは、世界最大のパームオイルの生産国であるインドネシアでも急拡大している。インドネシアの生産量は４０００万トンと２０００年に比べて2倍以上に増えた。インドネシア政府によると、アブラヤシ農園の面積は１９９０年と比べ、２０１０年には約7倍に広がり、13年の面積は８４０万ヘクタールになった。このうち64％がスマトラ島に集中し、32％がボルネオ島にある。

マレーシアのアブラヤシ農園の面積は５２０万ヘクタールで、サバ州にはこのうち１５０万ヘクタール、隣のサラワク州が１２０万ヘクタールとなっている。アブラヤシ農園の拡大が森林生態系に与えた影響は大きく、過去40年の森林破壊の55～60％がアブラヤシ農園の拡大が原因だとの試算もあるほどだ。

アブラヤシ畑造成のために破棄された民家

１９９８年にＨＵＴＡＮを創設した研究者の１人で、96年からこの地でオランウータンの保護に取り組んでいるフランス生まれの霊長類学者、イザベラ・ラックマンは「オランウータンが暮らす森は海の中の小島のように分断されていて、このままでは近い将来に絶滅してしまう」と危機感を募らせる。

ＨＵＴＡＮが本拠を置くキナバタンガン川下流域は以前からオランウータンの重要な生息地として知られており、１９６０

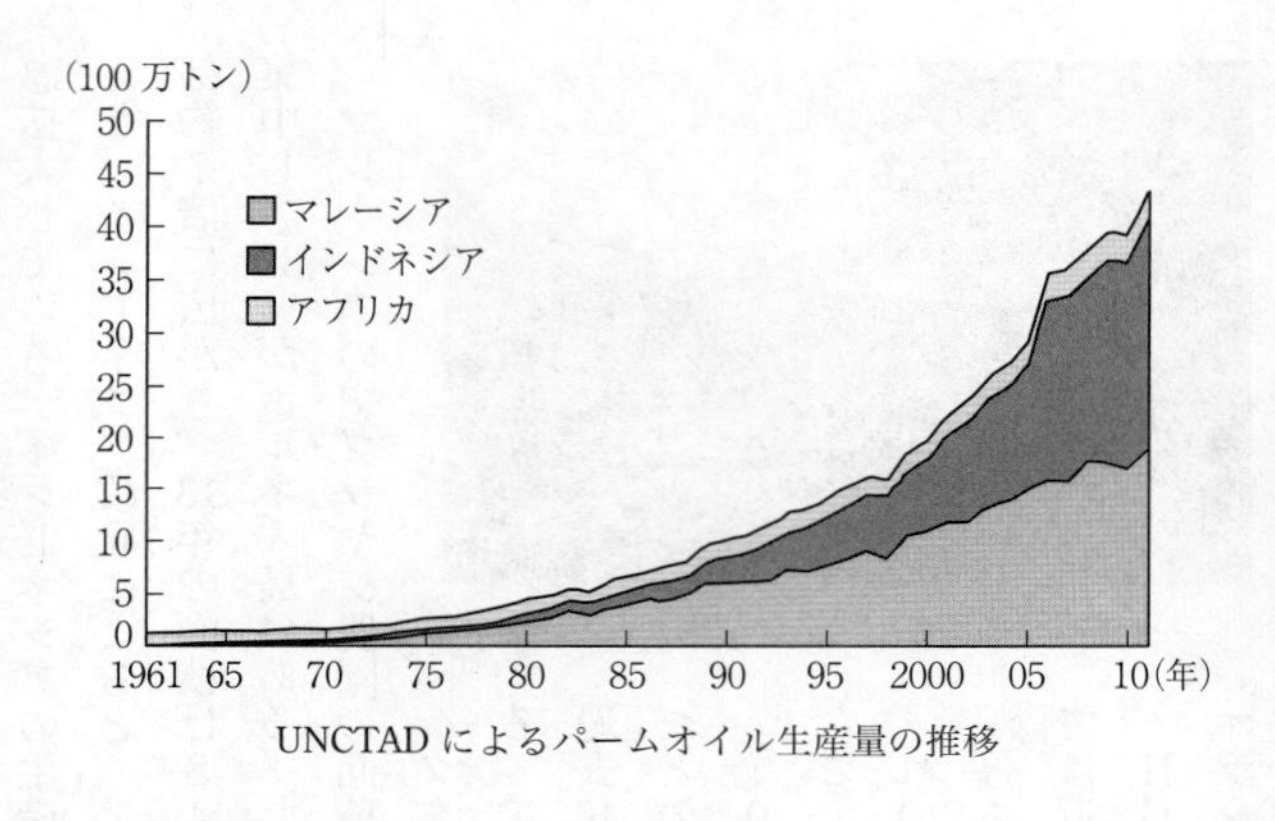

UNCTADによるパームオイル生産量の推移

年代には約4000頭のオランウータンがいたと見られている。だが、ラックマンらが行った調査によると2005年には推定約1100頭までに減少、現在は800頭にも満たないとされるまでになっている。

HUTANは、地元政府や事業者と交渉して土地を入手したり、購入したりして木を植え、保護区同士をつなぐ「緑の回廊」づくりに取り組んでいる。荒れ地などに、女性を中心とするボランティアが1本、1本、熱帯林を構成する樹種を手作業で植えるという重労働だが、徐々に森林が復活してきた区域もある。ラックマンは「種の絶滅を食い止めるには分断された生息地をつなぐことが極めて重要だ」と「緑の回廊」の重要性を訴える。

キナバタンガン川流域では、他の場所ではなかなか見られなくなったオランウータンやテングザル、アジアゾウなどを目当てにした観光業も始まり、住民の家に観光客が泊まって、手作りの料理を味わうホームステイも人気となりつつある。

「1994年に初めてここに来たとき、開発による森林伐採や貧困、人間との軋轢。野生動物の生息を脅かすすべてがあると思った」というラックマンは「徐々に政府や企業の理解も広がり、野生動物の保護区などもつくられた。前進は大きかったけど、まだ課題は多い」と話す。だが、近年はアブラヤシブームで土地代が高騰し、その価格は都市部よりも高い。土地の購入が難しくなるなど障害は多く、芽生え始めた産業の規模も、アブラヤシ産業の足元にも及ばないのが実情だ。

エコツーリストを受け入れるスカウ村のホームステイの家

2017年に入ってから、スカウ村でキナバタンガン川に新たに大きな橋を架け、その先に新たな道路を作る工事が始まった。道路はその先にある小さな集落まで続く計画で、保護区のすぐそばを通る予定だ。ラックマンやその他の環境保護団体は反対の声を上げたが、その声は地元政府には届かなかった。「橋ができたら多数の車が行き来することになるし、野生動物と人間との軋轢も急増する。これまでの努力が皆無になってしまう」と多くの保護関係者が危機感を募らせている。

ペットにされる

オランウータンの違法取引も深刻で、各地で子どものオランウータンが押収される事例が多発している。

2005年6月、民間の野生生物取引監視団体の「トラフィック」は、スマトラオランウータンが現地でペットとして違法に取引される状況が依然、続いているとの調査結果を発表し、「捕獲も取引も違法だが、摘発はほとんどなく、この状況が続けば、絶滅の恐れが十分ある」と警告した。トラフィックが、スマトラ島内の複数のオランウータン保護施設の記録を調べたところ、ある施設に預けられた数は、1973〜2000年の間に計226頭に上っていた。施設はその後閉鎖されたため単純に比較はできないが、新たに開設された別の施設への受け入れも02〜08年だけで計142頭に上り、違法に飼われる状況が改善されていないとみている。預けられた時の年齢は、母親から独り立ちする前の幼い子どもが圧倒的に多いことも判明。子どもを捕まえる際に母親は殺される可能性が高く、輸送や飼育中に死ぬ子どももいるため、施設が引き取ったオランウータンの陰に多数の死があると推定される。もちろんこれは氷山の一角である。06年11月にはインドネシア政府が、タイに密輸されたオランウータン48頭を空輸し、生まれ故郷のボルネオ島に帰還させたこともある。

タイにはかねてから違法に捕獲されたオランウータンが多数、持ち込まれていると指摘されている。トラフィックはこの問題に関する最新の調査結果を２０１６年11月にまとめている。13年11月から14年３月にかけて、タイ国内57カ所の動物園や遊園地を調査員が実際に訪ねて大型霊長類の飼育状況などを調べたところ、30の施設で51頭のオランウータンが飼育されていることが確認された。ほかにはニシゴリラも１頭みつかった。オランウータンの国際商取引は、ワシントン条約で禁止されているが、人工繁殖させたものだと証明されれば輸出が認められることがある。ところが条約の記録では、１９７５年以来、タイに正式な許可を得て輸出されたオランウータンの数はわずか5頭だけ。ゴリラの記録はなかった。ほかにもみつかった多数のギボン（テナガザル）とともに、これらの類人猿の多くが、違法に捕獲され、密輸されたものだとみられるとの結論だ。

日本に密輸され大阪府警が大阪・キタのペット店の元店員宅から押収したオランウータン＝1999年６月，大阪・曽根崎署（Ⓒ共同）

美しい森が残るキナバタンガン川流域

## 木を植える川の民

ジェニー親子が食事をしていた森林は、ラックマンが言うようにまさにアブラヤシ畑の中の小島のようだ。森を抜けて川岸に向かうと途端に森が絶える。川に近いここも以前はアブラヤシの畑だったが、政府に違法に開発したことが露見して土地の放棄を迫られた。アブラヤシの木も残るが、かなりの部分が草原となったこの場所で、炎天下にもかかわらず数人の女性が黄色い制服を着て、盛んに土地を耕していた。HUTANなどが中心になって取り組む「緑の回廊」づくりのために雇われた地元の人々だ。その中でひときわ小柄なミスリハ・オソップはもう60歳近い。ミスリハたちは毎月20日間、時には粗末な小屋で自炊をしながら共同生活をし、失われた森をよみがえらせるという気の長い植林作業に取り組んでいる。場所によってはすぐ近くにオランウータンが姿を見せることもあるが、ミスリハは「昔は村にいてもオランウータンやゾウなんて滅多に見かけなかった。彼らは森の中で暮らしていたし、森は今よりもずっと深かったのだから」と言う。

ミスリハは、キナバタンガン川のほとりに暮らす「川の民」だ。木で編んだ漁具でエビや魚を捕り、森にキノコや果実を探す。飲み水には事欠かず、豊かな農地にも恵まれた。「夫に先立たれ、一人息子を育てるのに必死だった。森に囲まれて育ったけど、気付いたら森はやせ細り、エビの数もずっと少なくなった。川の水も昔はもっときれいだったのに」。

そんな彼女の目を開いたのは10年ほど前、HUTANの事業で村にやってきた海外からの植林ボランティアの姿だった。「外国の人がやっているのに、私たち「川の民」がそれをやらない訳にはいかないでしょう」と照れくさそうにミスリハが振り返る。2009年に1カ月ボランティアとして植林に取り組み、やがてそれが「本職」になった。

炎天下の草原で雑草を刈るミスリハ・オソップ

作業は、伐採された木材の集積場だった荒れ地に根を張った草を刈ることから始まる。きれいになった土地に一定の間隔で苗木を植える。大変なのはそれからだ。苗木は放っておくと、あっという間に育つ草に覆われて枯れてしまう。苗木を傷つけないように、周囲の草を刈る作業は、かなりの熟練を要する仕事だ。

「もういい年なんだし、重労働で体を壊すから」と子どもや孫には反対されたが、決意は固かった。「孫たちがこの森でオランウータンやゾウを見ることができなくなったら大変でしょって言ったの。村に観光客も来なくなってしまう」。「あんなに小柄なのに、一度、植林を始めると止まらなくなる。とにかく、仕事、仕事、仕事なのよ」と職場での評価は高い。

実はミスリハには4年前にも話を聞いたことがある。「環境保護団体からわずかな給料が出るだけだけど、お金が問題じゃない。２００９年に私が植えた木は、もう私の背より高くなったのよ。この土地にはまだまだ力がある。よみがえった森を目にするまで、幾つになっても続けるつもりよ」と彼女は言っていた。それから4年後、同じように炎天下の森の中で木を植える彼女の姿があった。

---

**【コラム】 リーキーの天使たち**

野生のオランウータンの本格的な研究に世界で最初に取り組んだのが、既に何回か紹介したドイツ生まれの霊長類学者、ビルーテ・ガルディカスだ。ゴリラのダイアン・フォッシー、チンパンジーのジェーン・グドールと同じように彼女は１９７１年、ほとんど経験のないままボルネオ島の国立公園でオランウータンの調査を始め、研究と保護に大きな成果をあげた。フォッシーやグドールほど知られていないが、その業績は2人に引けを取らない。孤児になった類人猿を守りつつ、長い時間をかけて野生の類人猿に受け入れられ、それまで知られていなかったその生態を明らかにした点でも3人はよく似ている。そして、この3人とも、著名な人類学者、リチャード・リーキーに見いだされ、彼の支援で困難と思われていた研究に乗り出したという点でも共通している。人は彼女らを「リーキーズ・エンジェル」と呼ぶ。

現地に到着した直後、彼女は国立公園が名ばかりのもので、村の有力者や時には政府の役人までもが違法にオランウータンをペットにしていることを知って愕然とする。若い女性が突然、異国の森の中で研究に取り組むことには多くの危険が伴う。ガルディカスはだが「われわれがやっていることは確かに危険だ。でもわれわれが研究対象にしている類人猿に襲われるからなのではない。危険は人間の顔をしている」と著書の中で書いている。ゴリラの保護に取り組む中で何者かに惨殺されたエンジェルの長女、ダイアン・フォッシーのことが頭にあったに違いない。

## 第2節　追い詰められる小型霊長類　メガネザル・スローロリス

夕闇が迫る川をゆっくりと下るボートの頭上を大きなくちばしのサイチョウの群れが鳴きながら飛び去り、巨木の頂上ではヘビクイワシが獲物を狙う。周囲が急に暗くなり、激しい雨が降りだした直後、川岸の木の葉がガサガサとこすれる音が聞こえた。「オランウータンだ!」

――。ボートを止め、双眼鏡をのぞいたガイドが声をあげる。赤茶色の毛皮をまとった大きなオランウータンは木の葉を体の周りに集めると、雨を避けるように、その葉陰にひっそりとうずくまった。

すっかり暗くなってから、ボートは川岸の船着き場に泊まった。石を敷き詰めた古くはあるが驚くほど立派な道を10分ほど歩くと、森の中に大小5つほどの建物が見えてきた。隣の空き地には30メートルほどの観察用の塔が建ち、その上で研究者が夜を過ごせるようになっている。ここはサバ州野生動物保護局と英国のカーディフ大学が共同で運営する野生生物の研究施設、ダナウ・ギラン・フィールドセンターだ。キナバタンガン川流域の霊長類研究と保全活動の拠点の1つになっている。

この日の対象はボルネオメガネザルとボルネオスローロリス。いずれも夜行性の小型霊長類で、国際自然保護連合(IUCN)が「絶滅の恐れがある」とする種だ。

大学生のケイティ・ヘドガーがアンテナを手に、真っ暗な森の中を先に立って歩く。発信器を付けたロリスやメガネザルからの信号音を頼りに獣道を行くこと1時間近く。ヘドガーがそっと指さす先の木に、大きな丸い目でこちらを見つめるメガネザルの小さな姿があった。

体長は10センチほど、体重は100グラム程度という小さなサルで、吸盤のように丸くなった指先で細い木にしがみつくようにじっとしている。ボルネオのメガネザルは、ニシメガネザルの亜種で、IUCNによって絶滅危惧種に指定されている。小さな頭をゆっくりと回して周囲を見回す。メガネザルは、フクロウのように頭をほぼ360度、回すことができる。

「次はこっちです」というヘドガーの声に促されて、真っ暗な森の中の道をヘッドランプの光を頼りに30分ほど歩いた森の奥、太い木の上をゆっくりと毛の固まりが動いているのが見えた。わずかな光の中に、一瞬だけ、大きな丸い目と、鼻筋の周りの真っ白なラインが見えた。ボルネオ島ほぼ全域に分布するフィリピンスローロリスは小型の霊長類で、ゆっくりとした動きをすることからこの名がある。

発信器のアンテナを持って夜の森の中で霊長類を追う研究者

「メガネザルもスローロリスも、すみかの森の破壊で数が減った上に、ペット目当ての狩猟が今でも盛んで、絶滅の恐れが高まっている。特にスローロリスを見かける機会はボルネオ島中ですごくまれになってしまった。スローロリスはメガネザルに比べて大きいし、動きが遅いので慣れた猟師なら簡単に捕まえることができるんです」とセンターの科学オフィサー、ダニカ・スタークが解説してくれた。センターを拠点にテングザルの研究を続けるスタークは「野生生物の生息環境の悪化には歯止めがかからず、テングザルの数もこの数年で激しく減っている」と危機感を募らせている。

ボルネオ島のニシメガネザル

## スローなライフ

スローロリスもメガネザルも東南アジアにのみ生息する小型の霊長類だ。メガネザルはフィリピン南部からスラウェシ島、ボルネオ島、スマトラ島にかけてのみ分布している世界で最も小さい霊長類の1つだ。ＩＵＣＮはメガネザルを10種に分けて評価しており、そのうち6種に絶滅の恐れがあるとしている。

スローロリスは体長30センチ前後、体重は2キロになるものまでいて、インド、バングラデシュから東南アジアまでとメガネザルに比べてその分布域は広い。ＩＵＣＮはベンガルスローロリス、スンダスローロリス、ジャワスローロリス、フィリピンスローロリス、ピグミースローロリスの5種に分類、評価しているが、そのすべてに「絶滅の恐れがある」としている。中でもインドネシアのジャワ島西部にしかいないジャワスローロリスは近年、生息地破壊と密猟によって数が急激に減っていて、最も絶滅危険度が高い「極めて絶滅の恐れが高い種」とされている。フィリピンメガネザルとジャワスローロリスは「最も絶滅の恐れが高い25種」にも入れられた。ジャワスローロリスが暮らせる森は、もともとの広さの20％足らずしか残っていないとされている。

生息地破壊も深刻だが、スローロリスの数が急減している大きな原因はペットとして大量に捕獲されることだ。大きな目やパンダにも似た愛らしい容貌とゆっくりした動きが人気となり、先進国を中心にペット市場が急拡大した。日本でも女性タレントがペットとして飼育していることをテレビで紹介し、人気が高まったことがある。

ペット取引で数が減っているとして、2007年、ワシントン条約ですべての国際商取引が禁止されたが、密猟や密輸が後を絶たない。小さなサルなのでバッグの中に入れて手荷物として飛行機で運ばれることも少なくない。日本でも密輸の摘発が相次いでおり、07年、ワシントン条約の規制が始まる直前に成田空港でバンコクからスローロリス約40頭を持ち込もうとして税関に摘発された例もある。スローロリスの密輸はその後も後を絶たず、13年に逮捕された水戸市の業者は2年間で60頭のスローロリスを違法に販売していたとされた。

それでも日本国内では今でもスローロリスが公然と売られている。「ワシントン条約の規制が始まる前に入手したものだ」「人工的に繁殖したものだ」として政府が定める登録票の発行を受ければ、合法的に販売できるからで、インターネットでも多数のスローロリスが売られている。筆者が横浜市内で2016年に確認したものは1頭198万円という驚くべき価格だったが「結構、問い合わせがあるので早くしないと売れてしまうかもしれない」というのが店員の話だった。少し前は1頭数十万円が相場だったので、規制が厳しくなって希少になるに連れ、価格は高騰しているようだ。

日本のペットショップで売られていたスローロリス．人をかまないように前歯が切られている＝2014年，東京都内（Ⓒ LOUISA MUSING／野生生物保全論研究会）

### ペット人気があだに

スローロリスの研究者や環境保護団体は、登録をすれば合法的に売れる日本のこの制度を厳しく批判している。

2016年1月、英オックスフォード・ブルックス大学教授でスローロリス研究の第一人者として著名なアンナ・ネカリスらのグループが、国際商取引が禁止されているスローロリスが日本国内でペットとして多数売られ、違法な販売の可能性が高いものが含まれるとの調査結果を霊長類学専門誌に発表した。ネカリスらは日本の環境保護団体と協力して14年の5〜7月、インターネットで動物を扱う日本の18業者と東京都内2カ所のペットショップなどで販売状況を調べた。ペットショップなどでは計18頭が売られ、ワシントン条約の規制が始まった07年より前に合法的に入手したことを認める登録票が全てに付いていた。だが、うち3頭は明らかに7歳未満の若い個体で、これらに付けられた登録票が偽物である可能性が濃厚だった。ネット販売の56頭のうち「条約前」の登録票があった12頭にも、画像から7歳未満と判断される若い個体が1頭おり、登録票なしに売られているものも11頭あった。残りの33頭には、国内で繁殖したとセンターが認めた登録票が付いていたが、グループは「動物園でも繁殖成功例は極めて少なく、日本の業者が簡単に繁殖できるとは思えない」として、業者側の「合法的に入手したペアから国内で生まれた合法的な個体だ」との主張を疑問視している。

日本の保護団体「野生生物保全論研究会」によると、日本にも絶滅の恐れが極めて高いとされたジャワスローロリスが多数、持ち込まれている。2014年には1つの業者が5頭のジャワスローロリスを販売していたし、インターネット上に日本から投稿された動画93本の中で確認されたスローロリス属の仲間114頭の中にも7頭のジャワスローロリスが含まれていた。動物園で飼育されているジャワスローロリスもいる。だが、ジャワスローロリスはインドネシアの法律では厳重に保護されていて1973年以降、インドネシアから日本にジャワスローロリスが輸出されたとの正式な記録は残っていない。これらのジャワスローロリスは、インドネシアから違法に持ち出されたものであることが濃厚だ。

ネカリスはインターネット上に「可愛いスローロリス」などとして多くのビデオや画像が投稿されたり、テレビなどで有名人がペットとして所有するスローロリスを見せたりすることが違法な取引を助長していると指摘する。ネット上ではおにぎりを食べるスローロリスが人気だが、これはロリスにとって適切な食物ではない。小さな旗を握っているロリスも話題を呼んだが、これはロリスがおびえた時に、周囲にある枝などにしっかりとつかまるときの姿だという。

ネカリスが約１６０本のネット上の動画を調べたところ、夜行性なのに昼間の光で撮影されていたり、野生では食べない糖度の高い果物やおにぎりを食べさせたりする動画が数多く見つかった。そのうち93本は日本で撮影されたと思われるものだった。ネカリスは「映像からは、ロリスの生態を知らずに不適切な状態で飼育されていることが明らかになった。森の中ではロリスは樹液を吸うことも多いが、飼育下ではそのようなものはほとんど与えられないので、多くのロリスが異常に太って、不健康な状態だった」と指摘する。「動画投稿は違法取引を助長する恐れもある」とするネカリスが、投稿者に連絡を取っても、削除に応じるケースはほとんどないという。

## 有毒霊長類

スローロリスは「世界で唯一の有毒な霊長類」としても知られている。スローロリスはわきの下の分泌腺からかなり強い毒物を分泌し、自分で体に塗りつける。鋭い前歯を持っていてかみついた時に相手の体内にこの毒が入ることもある。さまざまな天敵がいる森の中で、これほど動きがスローなロリスが生き残ってきたのはこの毒によって天敵を遠ざけていたかららしい。スタークは「スローロリスと別のサルを一緒の檻に入れるとサルは怖がって決して近づこうとしないし、ロリスがいなくなった後でもその場所を避けようとする。スローロリスにかまれて腕が真っ赤に2倍くらいに腫れ上がった研究者も知っている」と話してくれた。

このため、ペットとして売られているスローロリスの中には前歯を抜いたり、切り取ったりされたものが少なくない。ネカリスによると前歯は毛繕いや林の中での食事になくてはならないものなので、前歯を抜かれたロリスを救出しても、それを森に返すことは不可能だという。ネカリスは「スローロリスをペットにすることはロリスの絶滅を助長するだけでなく、人間にとっても危険だ。ペットとして飼うべきではない」と話す。

ＩＵＣＮの霊長類専門家グループは「ジャワスローロリスの数が減るのに伴って、他の種のスローロリスの密猟や違法な取引が増えている」ことも問題にしている。最近、増えているのはスンダスローロリスなどで、インドネシアでは２０１３年11月に３００頭ものスンダスローロリスが押収されたとの記録も残っている。

ブタオザル　　テングザル

日本はスローロリスの世界最大の市場とされ、ほかにもメガネザルや南米のタマリン、ヨザルなど絶滅の恐れがあるとして国際商取引が禁止されている小型霊長類が高額で大量に売られている。中にはスローロリスのように1頭100万円を越えるものもある。多くの店が「国内で人工繁殖させたものだ」としているが、海外の研究者の中にはこれを疑問視する声が強い。筆者に「動物園の専門家でもなかなか成功しないような霊長類の繁殖に次々と成功する日本のペット業者はなんて技術力が高いんだと思うよ」と皮肉まじりに語ったロリスの専門家もいた。

## ボルネオのサル

夜の森でメガネザルやスローロリスの調査に同行した翌朝、ギボンの声で目が覚めた。慌てて外に出てみると、黒いギボンが高い木の上を驚くようなスピードで渡っていく姿が、一瞬だけ見えた。キナバタンガン川流域には、自然破壊は進んでいるもののまだまだ多くの貴重な生物が暮らしている。クリイロリーフモンキー、ニホンザルと近縁のカニクイザルなど絶滅の懸念が低い霊長類はもちろん、オランウータン、大きな鼻が特徴のテングザルや名前通りに丸まった尻尾が特徴のブタオザルなど、多くの絶滅危惧種の霊長類も頻繁に姿を見せる。だが残された森はアブラヤシ農園に年々、侵食され、分断が進む。川から一歩、地上に上がればそこにはどこまでも続くアブラヤシの林だ。川に沿った道路をアブラヤシの実を積んだトラックや製品のパームオイルを運ぶタンクローリーが轟音(ごうおん)をたてて行き交い、近くの工場からは絶え間なく白煙が上る。類人猿をはじめとする多くの生物を、人間活動が絶滅の淵に追いやっている現場を目にした思いだった。

## 第3節　観光ブームの裏で　ラングール・テナガザル

「ほらあそこにいる。全部で17頭の群れだ」——。ベトナム・ハノイ科学大学のブ・ゴク・タン博士が指さす先、朝日に輝く森の中の木に腰掛けたサルの姿があった。白いほおひげに覆われたオレンジ色の顔に輝く大きな目、灰色や黒の美しい毛並みが特徴のその姿が、カメラのファインダーの中に浮かび上がる。ベトナムやラオスに生息するこの霊長類、アカアシドゥクラングールは、森林破壊や狩猟で数が減り、絶滅が心配されている。先に紹介したアカウアカリやアイアイが、醜い霊長類ランキングの常連なら、「世界で最も美しい霊長類」のトップを独占するのがドゥクラングールだ。

ベトナム中部の都市、ダナンの郊外。南シナ海に突き出たソントラ半島の森は、この国のドゥクラングールに残された数少ない生息地だ。

「半島にレーダー施設を持つ軍が、ずっと土地を管理していたため、開発や伐採の手を逃れた」とタンが言う。

だが、2000年、状況が大きく変わる。観光ブームを背景に、政府が半島の標高200メートル以下の土地に限って観光施設の建設を解禁したのだ。ダナンはベトナムに観光で訪れる人に人気の町だ。ドゥクラングールの聖域とも言えた半島内にはあっという間に20軒のリゾートホテルが建設され、さらに5軒が建設中である。多くの建設労働者が山に入った結果、ただでさえ深刻だった野生動物の密猟が急増し、森林破壊とともにサルを脅かし始めた。森林伐採とブッシュミートハンティングが霊長類の生存

アカアシドゥクラングール

を脅かすという世界各地で起こっている現実から、長く安泰だったこの半島のドゥクラングールも無縁ではいられなかった。

研究者を驚かせたのは開発が認められていない森の中に10キロを超える長さのフェンスが作られ、ドゥクラングールをはじめとするさまざまな動物が、わなが仕掛けてある場所に導かれるようになっていたことだった。

タンらは2006年に「ドゥクラングール基金」を創設した。生物多様性保全に取り組む発展途上国の市民団体を支援しようと、日本政府や世界銀行が出資している「クリティカル・エコシステム・パートナーシップ基金(CEPF)」などからの援助で、保護対策に乗り出した。

森の中から押収した大量のくくりわなを手にするブ・ゴク・タン博士

地元民を森林保護区の監視員として雇い、一緒に森の中を歩いて密猟用のわなを撤去して回る。違法に捕獲されたドゥクラングールを引き取って野生復帰させるなどの活動も進めている。基金のメンバーはソントラ地区の森で既に7000以上の違法なくくりわなを発見して撤去し、わなにかかったり、違法に飼育されていたりしたドゥクラングールを9頭押収、成獣5頭は既に森に返された。

周辺の小学校や中学校に出前授業を行ってドゥクラングール保護の大切さを子どもたちに伝えたり、エコツアーのガイドの養成事業を始めたりと、タンらの活動の幅は広く、まだよく分かっていないドゥクラングールの食性や群れの行動などについての研究にも取り組んでいる。

だが、依然として密猟は深刻だし、「世界一美しい」と呼ばれるドゥクラングールを見ようと許可なく森の中に入ってくる観光客も後を絶たない。ホテルの近くに降りて来て道を渡る際に交通事故に遭うことも心配されている。タンたち、ドゥクラングール基金のメンバーの心配の種は尽きない。

## アジアのサルに迫る危機

国際自然保護連合（IUCN）の霊長類専門家グループによると、アジアに生息する霊長類は亜種まで含めると175種類に上る。マダガスカルのネズミキツネザルなみに小さいメガネザルから大型類人猿のオランウータンまでアジアの霊長類も多様だが、このうちなんと70％近くの121種が絶滅危惧種である。地域別にみるとマダガスカルに次いでアジアの霊長類が特に厳しい状況に置かれているということになる。ドゥクラングールもその1つである。

IUCNは、ソントラ半島にいるアカアシドゥクラングールのほか、ハイイロドゥクラングールとクロアシドゥクラングールの3種に分けて評価している。名前から分かるようにそれぞれ足の色が違う。

3種類とも同じような理由で近年、数が減少しているとして絶滅の恐れが高い種とされている。中でもベトナム中部にしか生息していないハイイロドゥクラングールは確認されている数が550〜700頭と少なく、「絶滅の恐れが極めて高い種」とされている。

クロアシドゥクラングールはベトナム南部から隣接するカンボジアの北東部にかけての森林地帯にすんでいる。カンボジア・モンドルキリ郡の保護区に4万頭を超えるとみられるかなりの数がすんでいるが、この地域は近年、違法伐採による森林破壊が極めて深刻で、それがこの地域のドゥクラングールに悪影響を与えていると懸念されている。

ドゥクラングールの数は森林破壊などによって減少しているが、最大の原因は主に地元の住民による狩猟であるとされる。食料としてだけでなく、中国やベトナムで伝統的医薬品(漢薬)として昔から珍重されていることが、狩猟がいつまでたってもなくならない理由だ。ドゥクラングールの狩猟は禁止されているが、伝統的な医薬品の材料として闇市場では高価で取引される。ベトナムからの報道によると、昨年夏、カインホア省で3人の男が手製の銃で9頭のクロアシドゥクラングールを殺し、死体を処理しようとしていた疑いで逮捕された。9頭は乾燥させるために腹部を開かれて保存されていたという。成獣は肉や伝統的医薬品として売られ、子どもは生け捕りにされてペットとしてやはり高額で売られる、というこれまたお決まりのストーリーである。

## 追い詰められる

朝日が当たる高い木の上で、アカアシドゥクラングールはいつまでものんびりと木の葉や木の実を口に運んでいる。CEPFの専門家によると彼らは海岸に近い低地の森から半島の最も標高が高い森まで広い範囲に生息しているのだが、政府の方針転換によって標高の高い部分に追い込まれていっているという。ドゥクラングールは自らに迫るそんな危機など知らぬげに食事を終えて樹上でまどろみ始めた。

ドゥクラングールの生息地近くで進むリゾートホテルの造成工事

この半島の保護区にすむアカアシドゥクラングールの数は少なくとも170頭にもなり、タンたちの保護の試みは国際的にも非常に重要だとされている。だが、それも始まったばかりだ。サルが群れる森の近くでは、大規模なホテル建設が進んでいた。道路工事の騒音が響き、乾燥した道路を大きなトラックが走る。完成間近のホテルの敷地内の、木を切った後には外来植物が植えられ、芝生を美しく保つため大量の水がまかれていた。

ＣＥＰＦのジャック・トルドフは「海岸近くの標高が低い場所の森がドゥクラングールにとって重要だとされているのだが、ホテル建設などによる生息地の破壊は海岸に近い場所ほど、激しい」と観光開発の影響への懸念を口にした。

## リゾートの島のテナガザル

豪華なホテルが建ち並ぶ海岸の道を後にして緑豊かな森の中の坂道をしばらく上ってゆくと、行く手から「ウワッ、ウホッ、ウォー」という大きな声が森に響き始めた。それに答えて少し甲高い声が聞こえ、２つの声は互いに鳴き交わすようにいつまでも繰り返し、繰り返し続いた。ビーチリゾートとして名高いタイ南部、プーケット島。その森の中に絶滅が心配されているテナガザル(ギボン)を保護し、野生に返そうとしている施設があることを知る観

リハビリ施設内のテナガザル(ギボン)

光客はあまりいない。

一般の見学者も受け入れているこの施設の入り口には、ギボンの生態や個体数減少の理由などを紹介する展示が並び、両側の檻の中でギボンが飼育されている。だが、盛んに大きな声がするのはさらに山の上の方だ。声のする方に近づいていくと、ふかふかの黒や茶褐色の体毛に覆われた体長50センチほどのギボンが数頭、長い両手を使って雲梯(うんてい)のように檻やその中の木を渡って、檻の中を自在に飛び回っていた。山の上の森に埋もれて大きな檻が3つ建っている。それぞれに多くのギボンの姿が見え、騒々しい声が聞こえる。目が回るほどの素早さだ。まん丸な目を見張って人間に近づき、檻の中から細長い手を伸ばして荷物をひったくろうとするギボンもいれば、檻をガタガタと揺すって人間を脅かそうとするギボンもいる。

18種類が知られているギボンは、かつては東南アジア全域に広く分布していたが、森林伐採や密猟で生息数が急速に減少している。タイには真っ白い毛が特徴のシロテテナガザルなど3種類のギボンが生息する。プーケット島にもギボンは生息していたが、観光開発による生息地の破壊と狩猟によって野生のものはほとんどいなくなってしまった。

「再びこの島の森にギボンの姿を取り戻したい」と研究者らが1992年にギボン・リハビリテーション・プロジェクトを始め、保護されたギボンや飼育下で生まれたギボンを野生に復帰させる事業や普及啓発活動に取り組んでいる。島の東部にあるカオ・プラ・テウ禁猟区が、彼らの拠点だ。

プロジェクトの常勤スタッフのティパラット・ミンピジャンによると、現在、タイには野生のギボンが5万〜6万頭生息しているが、生息地破壊や狩猟によって年間約3000頭が減っていると試算されており、近い将来にすべてが絶滅してしまうと心配されている。

檻の中には大きな丸い目で訪れた人間を見つめる子どもを抱いたメスのシロテテナガザルがいた。体は茶色だが手足はその名前の通り白く、黒い顔の周りにも白い縁取りが見える。

子どもはかなりの間、母親から離れずに森の中を移動する。大きな目や美しい毛並みから、ペット目当ての密猟者に狙われるのは大抵の場合、子どものギボンだ。ティパラットは「幼い子どもを密猟しようとすると、ほとんどの場合、母親は殺されてしまう。ここにいるギボンを見ていて分かるように、成長すると彼らの腕の力はとても強くなり、特に発情期は凶暴になって、人間に慣れなくなる」と話す。かわいさ余りに子どもに手を出し、やがては飼えなくなったとして、この施設に持ってこられるギボンが後を絶たない。レストランや見せ物小屋で飼育されているところを押収されたギボンを含め、年間、10頭程度が運ばれてくるという。

檻の掃除やエサやりなど、3週間のボランティアに参加している米国人のシェーン・バトラーは「ビーチや飲食店で観光客にギボンと写真を撮らせて稼ぐ業者がいる。中には同情心につけ込んで「ギボンを買い取って森に放してやれ」と高額でギボンを売りつける悪質な業者もい

「ギボンのペットに手を出さないで」と訴えるリハビリ施設のボランティア

る。可愛いと思って金を払うことが密猟を刺激するのだということを理解してほしい」と訴えた。プロジェクトはホームページや近くの学校への出前授業などを通じて、ギボンを写真のモデルにする商売の根絶を呼び掛けている。

こんなふうにして保護され、場合によっては人間に慣れすぎたギボンを野生に戻すまでには長い時間と手間がかかり、成功にこぎ着けられる例は少ない。ギボンはペアを中心に家族単位で行動するため、相性のいいペアを見つけてやることが野生復帰の鍵になる。人間に慣れすぎたギボンを森に返しても、すぐにまた密猟者の犠牲になることもあるので、飼育はとても難しい。時間をかけて少しずつ人間との接触を減らし、自然環境に慣らしていく一方で、ペアを作り、飼育下で子どもを持つことが条件になる。だが、子どもや夫婦のどちらかが病死してしまうこともあり、森に返せるのは年間せいぜい1家族あればいい、というのが現状だ。

テナガザルは日本人にも比較的知られた霊長類だが、彼らがサル(モンキー)ではなく、類人猿(エイプ)であることを知る人は多くはないだろう。テナガザルとフクロテナガザルの仲間は、ゴリラ、チンパンジー、ボノボ、オランウータンという大型類人猿と区別して小型類人猿と呼ばれる。体重は大きいものでも10キロくらいだ。サルと違って尻尾はなく、分類上も人間に近い。

東南アジアの熱帯林を中心に分布しているが、その数はほぼすべての種で減少傾向にある。IUCNはギボンを18種類に分類しているが、そのすべてが絶滅危惧種だ。中国の海南島だけにすむカイナンテナガザルなど4種は「極めて絶滅の恐れが高い種」にランクされている。ギボンはオスとメスの体色がまったく異なるものが多いことが知られているが、カイナンテナガザルもオスは焦げ茶色、メスは明るい茶色をしている。1960年ごろまでには海南島のほぼ全域に分布しており、当時は2000頭はいたとされているが、急激に数が減って、生息地も島の西部の小さな自然保護区の中だけになってしまった。森林破壊に加え、伝統的医薬品に使われるために殺されるギボンが多かった。1998年の調査で確認された成獣はわずか17頭、2003年に行われた大規模な調査では13頭しか確認できなかった。その後、ごくわずかだが数が増え、現在の個体数は25頭だという。「世界で最も絶滅の恐れが高い霊長類」と言われるようになり、哺乳類全体でも極めて絶滅に近い種だといえる、カイナンテナガザルもスマトラオランウータンやジャワスローロリスとともに「最も絶滅の恐れが高い25種類」のうちの1つである。

木々を巧みに渡るシロテテナガザル

## 森で生まれた子も

翌日、野生に返す最終段階という家族を見るため、さらに奥地にある檻のところに案内してもらった。うっそうと生い茂る熱帯雨林。明け方まで降り続いた雨でぬかるんだ山道を、草木をかき分けながら1時間ほど進んでいくと、鳴き声が近づいてきた。

大きな檻の中を活発に往来するギボン。「父親のトニーと母親のジタ、8カ月のメスの赤ちゃんクレア。3カ月前からここで暮らしている」。専門スタッフで獣医師のスウィット・パナディーが家族を紹介してくれた。

ジタは大事そうにクレアを抱え、檻の上方から下りてこない。「人間を警戒している証拠で、野生で生きていく準備が整ってきたといっていい」。数カ月後には森に放す予定だという。

しばらくして、2頭のギボンが檻の上に姿を見せた。長い手を伸ばし、木から木へ素早く渡り歩く。「7年前、初めて森に放したジョーとその娘だ！」とスタッフがうれしそうに声を上げる。野生に放されたギボンは確かに森の中で生きていた。追跡調査の結果、ジョーは妻キップとの間に3頭の子をもうけた。うち2頭はこの森で生まれた子どもだということが分かっている。スウィットは「霊長類の野生復帰は極めて難しいが、ジョーを見るとまだ希望があると思う」と話す。

プロジェクトでは取材をした２００９年の段階で既に6家族を野生に返していた。だが、病気や密猟の被害に遭って消息を絶ったギボンもいて、確認できるのは3家族だけとのことだった。その後、野生復帰させたペアも増え、16年にはこの森で新たに3頭のギボンが生まれたことが確認され、関係者を喜ばせた。狩猟や森の破壊によって減ってゆくギボンの数に比べれば、野生に返され、その森の中で生まれるギボンの数はごくわずかだ。それでもスウィットらは希望を捨ててはいない。

檻の中で野生復帰の時期を待つギボンの親子

# 第5章　残された聖地——アマゾン

## 第1節　知られざる森のサル　ウアカリ

小さな水上飛行機は徐々に高度を下げ、思ったよりなめらかに川面に着水した。しばらく滑水を続けた飛行機は赤土が剝き出しになった川べりでエンジンを止めた。淡いピンクのカワイルカが寄ってきては、すぐに遠ざかる。彼らの小さな背びれが赤茶色に濁った川の中から時折、見える。アマゾン川の交易都市、イキトスから3時間余り。既に人家や道路は視界から途絶えて久しく、周囲は一面の熱帯林である。熱帯の森は多様性に富んでいて、緑という色にこれだけいろいろな種類があったのかと驚かされる。上空から時折、たくさんの花を付けた木も見える。「ここから少し歩いた所でボートが待っている。キャンプ地はその先だ。極めてベーシックだから覚悟しておいてくれ」と言うのは、これから5泊6日の取材のホスト、英国生まれの霊長類学者、マーク・ボウラーだ。その舞台は、本書の冒頭で紹介したペルー・アマゾンの支流ヤバリ川のほとり、深い熱帯林に包まれたキャンプ地である。

森の中に粗末なテントが立つアカウアカリ研究者のキャンプ地

### 醜い霊長類

手こぎのボートを降りた場所は、テニスコート2面にもならない土地の中に大小5つの粗末なテント、にわか作りの調理場とテーブルがあるだけのキャンプだった。ボウラーが2003年に設営した。寝床はテント、トイレは地面に掘った穴、発電機はあるが燃料節約のためにほとんど使わないので、蝋燭と電池式のランタンだけが夜の灯り。これが、ボウラーが言う「ベーシック」の意味だ。

ボウラーと彼が集めたコロンビアやブラジルの研究者、先住民のスタッフらはここで暮らしながら、アカウアカリという絶滅危惧種のサルの1種を追い続けている。

キャンプに着くなり「群れが近くにいる」とボウラーが歩きだす。汗に濡れた衣服が体にまとわりつき、油断すると脚がズブズブと膝の上まで泥の中に沈み、身動きが取れなくなる。

「両手をついたら終わりだよ」と先を行くボウラーが笑う。「これでもまだ雨期が始まったばかりだからこうして歩けるけれど、雨期の最中、ここは小さなカヌーかボートじゃないと通れなくなるんだ」。

絶滅が懸念されるアマゾン固有種の霊長類，アカウアカリ

上り下りのきつい道を歩き始めてから1時間半余り。突然、高い木の上から、「ヒーッ、ヒーッ」という大きな笑い声のような鳴き声と、ガサガサと木の枝がこすれる音が響く。オレンジ色の長い毛を日の光に輝かせながら15頭ほどのサルが、両手両足を広げて、巧みなジャンプで木から木へと渡り、枝の上に座って木の実を食べ始めた。ジャンプの距離は長く、頭が小さいので赤い毛のかたまりが空を飛んでいるようだ。時々聞こえる声は、笑い声のようなものだけでなく、非常にバラエティに富んでいて、周囲の森に響き渡る。

アカウアカリは奇妙なサルだ。アマゾンの固有種で、長い毛に覆われた体と小さな頭を持つ。毛がほとんどなく、皮下脂肪が少ないため真っ赤な骸骨のように見える顔が何よりの特徴だ。「あんな顔のために最も醜い霊長類といわれたこともあるし、奇妙な動物ランキングでは上位の常連だ」とボウラー。その赤ら顔が遠目にもはっきり分かる。木の上に座り、両足をぶらつかせながら、巧みに木の実を食べるもの、満腹になったのか太い木の上に横たわって居眠りを始めるものもいる。信仰深いブラジルの人々は、長いマントをまとった神父にたとえることがあるらしいが、日本人の目には、都会の繁華街に出没する酔っぱらったおじさんに見える。

### 狩猟が脅威に

アマゾンの森で急速に進む森林伐採と農地開拓による生息地の破壊がアカウアカリの群れを分断し、狩猟で殺される数も増えた。国際自然保護連合（IUCN）は「絶滅の恐れが高い種」の1つに数えている。伐採道路とキャンプが奥地に造られ、送り込まれた労働者が食料として動物を捕獲する。親は殺され、小さな子どもはペットとして海外に売られる。熱帯の森によくある状況がここにもあった。ウアカリの国際商取引はワシントン条約で禁止されているが、ペルーのアマゾン川流域は違法な野生生物取引の中心地の1つとして名高い。

分厚い森と困難なアクセスゆえに、まだそれらの波が及ばないこの地域の森にアカウアカリが残る。ほんど知られていないアカウアカリの生態を調べ、絶滅から救う手だてを探ろうと、ボウラーら霊長類学者は、地元の住民を雇って訓練したトラッカーとともに、朝早くから日暮れまで、湿地帯の中の道なき道を行き、生息数を調べ、食べ物や行動を記録する。彼らの仕事は重労働だ。

## 樹上のカメラ

アカウアカリは樹上生活者なので、木に登らないと観察は難しい。といっても広大な森を移動する彼らを追って木に登ることはそう簡単ではない。ボウラーは自作のセンサー付き赤外線カメラを森の中や木の上に設置し、アカウアカリの姿をとらえようとしている。熱帯林の中で高さ20メートル近くまで木に登ることは命がけの仕事である。カメラを置く時には登らなければならないが、回収するときは下からロープを引っ張ればいいようになっている。

森の中で樹上にあるカメラを回収するウアカリ研究者のマーク・ボウラー

「危ないから離れていて」と、筆者に言いながらボウラーがロープを引くと、はるか頭上の木の上からカメラが「ドサッ」と音を立てて落ちてきた。カメラには数枚だが、樹上のアカウアカリの姿が記録されていた。

ピグミーマーモセット

コモンマーモセット

汗と泥にまみれてキャンプに戻ると、ボウラーがペットボトルを半分に切った容器を差し出した。「汗を流す時はカヌーで川の真ん中まで出てこれで水を浴びるんだ。カヌーツアー付きのシャワーは悪くないよ」とボウラー。米国の動物園などからの研究費はわずかで、キャンプの暮らしは厳しい。食事は川で釣った魚とぽろぽろの米がほとんどだ。ペットボトルの水は運べないので、濁った川の水を煮立てて飲む。

「この1カ月ほどで10人のスタッフのうち3人がマラリアで倒れ、ブラジル側の軍の施設に運ばれた」とボウラーがこともなげに言った。

南米大陸にも多数の霊長類が分布している。ＩＵＣＮの霊長類専門家グループによると、いわゆる「新世界」には亜種を含めて２１１種の霊長類が生息している。ゴリラやオランウータンのような類人猿はいないが、後に紹介するムリキのような大型の霊長類から、タマリンやマーモセットという小型の霊長類までその多様性はアジア、アフリカと同様に高い。アジアやマダガスカルに比べればその比率は低いが、その4割近くに絶滅の恐れがあるなど、やはり今の生息状況は厳しい。南米の霊長類の生態などについては伊沢紘生の大著『新世界ザル』に詳しいが、ここでは筆者が取材したいくつかの霊長類を取り上げ、絶滅の恐れがある霊長類保護の今後を考えて

リスザル

クモザル

みることにする。

ウアカリ属のサルにはハゲウアカリとクロアタマウアカリの2種がある。クロアタマウアカリはベネズエラの南部から北西部のアマゾン川流域に分布、ハゲウアカリはペルー東部のアマゾン川上流域、ブラジルとの国境付近の細長いエリアに分布している。ＩＵＣＮによると、絶滅危惧のランクは3段階のうちで最も低いが、やはり両種とも絶滅危惧種である。ＩＵＣＮはハゲウアカリには4つの亜種があるとしており、ここに登場するアカウアカリはその1つだ。4つの亜種すべてが絶滅危惧種とされている。体はメスよりオスが大きく、最大で体長60センチになる。それでも体重は4キロにもみたない小柄なサルだ。新世界のサルは多くが長い尾を持っているのが特徴だが、ウアカリは例外的に尻尾が短い。樹上生活者で巧みに木々を渡って移動し、手を使って器用に木の実を食べる。このキャンプ周辺の森のように、一年中、あるいは雨期の間、水の中にかなりの部分が水没する「浸水林」が主な生活の場だとされている。

アカウアカリは鋭い前歯を持っていて、顔は華奢に見えるがあごの力は強い。アカウアカリの生息地には他種のサルも多くすんでいて、一緒に移動することもある。アカウアカリは他のサルが食べられないようなブラジルナッツという硬い木の実や、熟して柔らかくなる前の木の実でも強い歯を使って食べることができる。後で紹介するテングヤシの実もその1つである。

アカウアカリは、20頭前後、時には１００頭もの群れを作ってかなりの距離を移動すること、寝るときは互いに呼び合って集まるが、森の中でえさを取るときは数頭のグループに分かれて森の中に広がることが普通だ。日中の森を歩いていても、彼らが大きな声で鳴かないと、簡単には見つけられないのはこのためだ。群れにはリーダーとなるオスがいるが、詳しい社会構造などは未解明で、移動のパターンや理由などよく分かっていないことだらけのサルである。

## 赤い顔の謎

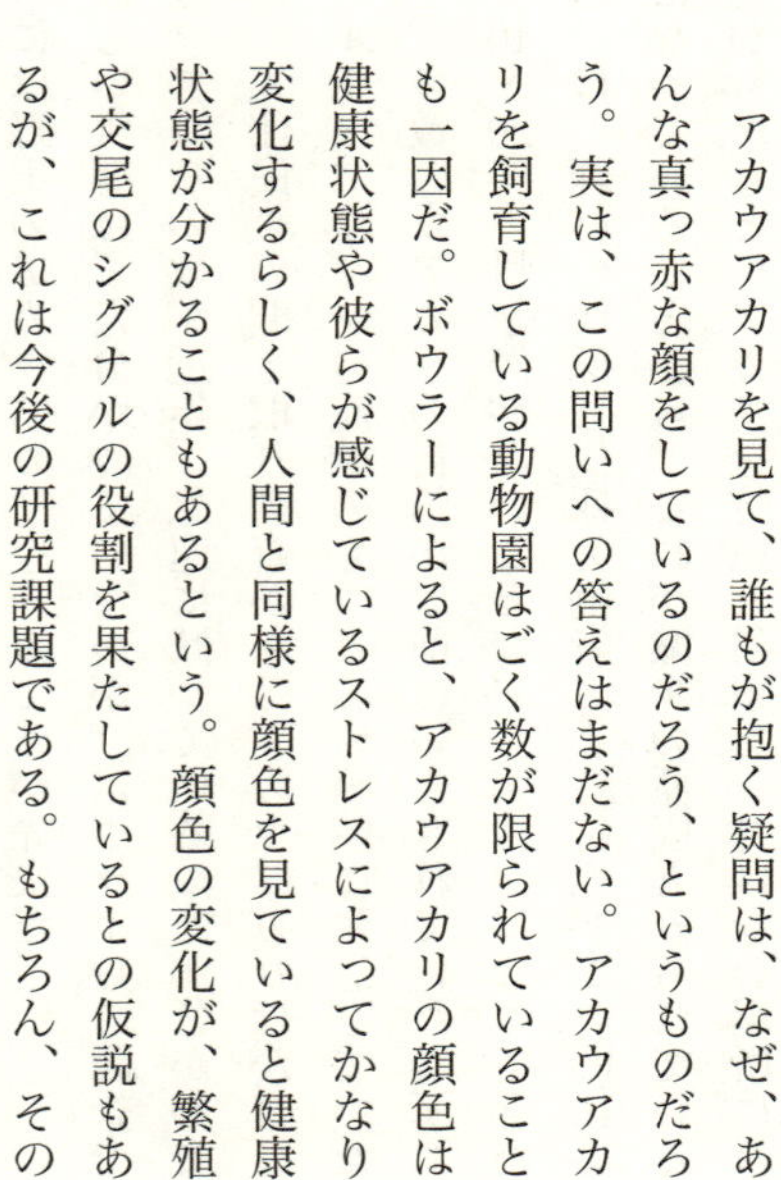

真っ赤な顔がユニークな霊長類，アカウアカリ

アカウアカリを見て、誰もが抱く疑問は、なぜ、あんな真っ赤な顔をしているのだろう、というものだろう。実は、この問いへの答えはまだない。アカウアカリを飼育している動物園はごく数が限られていることも一因だ。ボウラーによると、アカウアカリの顔色は健康状態や彼らが感じているストレスによってかなり変化するらしく、人間と同様に顔色を見ていると健康状態が分かることもあるという。顔色の変化が、繁殖や交尾のシグナルの役割を果たしているとの仮説もあるが、これは今後の研究課題である。もちろん、その

残り少なくなったアカウアカリがすむペルー・アマゾンの原生林

ために野生のアカウアカリを守ることが先決だ。
詳しい実態はまだ分かっていないが、ボウラーらの調査で、アカウアカリの数が近年、急速に減っていることが分かってきた。先住民らの聞き取り調査からはアカウアカリはかつてはペルー・アマゾンの流域のもっと広い範囲に生息していたこと、多数のウアカリの目撃が以前は報告されていた場所で過去10〜20年、目撃例がないことなども明らかになってきた。周辺では、森林の伐採と伐採労働者による狩猟がこの間に盛んになっていることから、これが減少の原因とみられている。住民がもともとウアカリを狩猟の対象としていない場所にはウアカリがわずかに残っていたが、この群れも人間の姿を見ると逃げ出してしまう。これが、周辺ではウアカリ目当ての狩猟が盛んなことを示していた。
ボウラーは「サルは地上にいる動物より狙いやすいので狩猟の影響を受けやすい。クモザルなどのより大きいサルが捕られて数が減ってから、殺されるウアカリが増えているようだ。周辺で森林伐採が始まってからそう時間がたたないうちに、１００頭くらいの大きな群れが確認できなくなったこともある。アカウアカリは生息地破壊や狩猟の影響を受けやすい種だといえ、

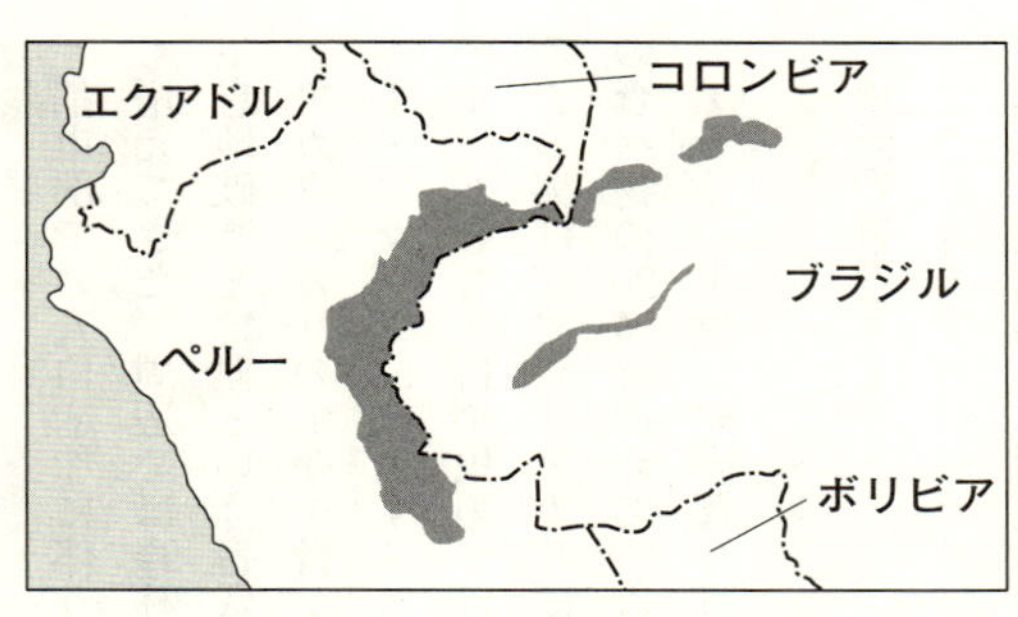

IUCNによるハゲウアカリの分布域

森林の減少に伴って数が減っていることは明らかだ」と指摘する。

アカウアカリの正確な個体数は分かっておらず、これまで知られていなかった場所で生息が確認された例もあるが、主要な生息地で確認されたのは500頭足らずである。それだけに人間の手がまだ及んでいないキャンプ周辺の群れを守ることは重要なのだが、この地域の森も保護区にはなっておらず、この森をどのように利用するかは、地域の住民の手にゆだねられている。アカウアカリの生息地で、保護区として守られているのは2カ所だけで、全生息地の3分の1のエリアは企業が森林の伐採権を持っている場所だという。ヤバリ川周辺では広大な森林伐採エリアと先住民が利用権を持つ森林のエリアがそのほぼすべてをカバーしていて、その中に小島のように保護区が設定されている。

また、ボウラーがくれた自著の論文には、住民にペットとして飼育されているアカウアカリの写真や、撃たれて食べられる直前のアカウアカリの写真が載っている。いずれも古いものではなく、現在進行形の事実だ。

都市部での人口増加に伴う食料需要に応えるため、川に入ってピラルクなどの魚を捕る漁師も増えてきた。周辺では森林伐採や石油の採掘などが近年、盛んに行われるようになってきて、生息地破壊と狩猟という脅威は増えこそすれ、減ることはないのが実情だ。

アカウアカリの生存を脅かすのは森林伐採と狩猟だけではない。研究者が懸念するのは、ペルー・アマゾンに自生するテングヤシの1種の実から取れる油が「アマゾン由来の天然美容オイル」として注目を集めていることだ。現金収入が得られるとして一部で大量に収穫されているこの実は、アカウアカリにとって最も重要な食物の1つで、ボウラーの調査によれば、年間の食べ物の20%を占めている。今後も、野生の木の実が大量に収穫されることになれば、アカウアカリの生息に悪影響を与えかねないと懸念されている。

## 地元の努力で

ここの森のアカウアカリはあまり人間を恐れない。子どもを連れた母親も食事を終えて静かに休息を取り始め、樹上に横になった赤ら顔の大きなオスもさきほどからだらしなく両手両足をだらりと下げて昼寝に入ったままだ。森の中には他のサルの姿も見えず、平和で静かな時間が過ぎていった。

だが、アカウアカリに残された数少ない生息地であるこの森も、その利用権は先住民が持つため、いつ森林伐採が始まるか分からない。

ボウラーは論文の中で、住民を強制的に追い出して設置した国立公園の中で、違法な狩猟が多発した例をあげ「ヤバリ川流域では、森林伐採権が企業に与えられたエリアは広く、保護区の面積を大きく上回る。そして、伐採労働者による狩猟はアカウアカリにとって大きな脅威だ」と書き「アカウアカリを狩猟から守るには、地元の人々を巻き込んだ保全プロジェクトが重要で、保全に取り組む研究者と労働者とが長い間、良好な関係を持たねば保全の取り組みは長続きしない」と指摘する。彼は「アカウアカリを守るには、地元に根差した保全事業ができるかどうかが成功の鍵になる。地元の人々の意思が成否を左右する」と言う。

自ら「アカウアカリモンキープロジェクト」を始めたボウラーは、周辺の学校に出向いて、アカウアカリの話をする時間を持つなどして住民にアカウアカリが置かれた状況を伝え、狩猟をしないように働きかける一方で、スペイン・バルセロナ自治大学の研究者の発案で、先住民の漁業組合の設立に取り組んだ。

アロワナやピラルクといったアマゾンの巨大魚の稚魚などを欧米の水族館に高価で売ることで、森林伐採や狩猟に代わる生活の糧を先住民に与えようとの事業だ。

研究キャンプに姿を見せた先住民、ロビンソン・フローレスも最近、組合に加わった。「父と一緒に伐採業者の下で働いていたが、もういい木はほとんどなくなった。昔からしていた漁でお金がもらえるならこんないいことはない」と話す。

ボウラーは、ちょっとした環境の変化で、アカウアカリの群れが短時間で消滅するのを何度か目にしてきた。果実食のアカウアカリは、果実や種子を食べることで森の中の植物の数を調節し、広範囲を移動することで種子をあちこちに広げるという熱帯林の生態系の中で重要な役割を果たしていると考えられている。ウアカリの存在は、良好な森が残っていることの象徴だ。

だが、現状では国が大きなアカウアカリの保護区をつくることなどは極めて難しい。「手つかずの森を残すことは結果的に先住民の暮らしにとっても重要なのだが、森はどんどん細っている。ここのアカウアカリの群れも、数年後にはいなくなってしまうかもしれない。もしかしたら絶滅を少し先にのばすことができるだけかもしれないし、とても楽観的にはなれないんだ」とボウラーは言う。「でも、僕らが彼らのことを何も知らないうちに、アカウアカリが絶滅してゆくのを、ただ見ていることだけはしたくない」——。ボウラーはそう言うと立ち上がり、森に出るために、すこし濁った水を自分の水筒の中に入れ始めた。

## 第2節　森の体操選手　ムリキ

幅1メートルもない森の中の急な上り坂の道を行くこと30分余り。突然、ガサガサッという音とともに頭上の木々が揺れ、犬の遠ぼえに似た鋭い鳴き声が響く。見上げると、巨大な茶色の毛むくじゃらの動物が次々と木から木へと渡って行く姿が見えた。真っ黒な顔の中に時折、丸い目が輝くのが見える。

大きくしなる細い木の反動を利用し、両手を広げてジャンプするもの、長く太いしっぽを木

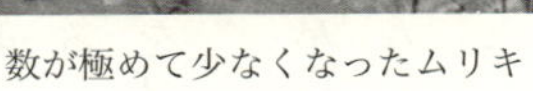

数が極めて少なくなったムリキ

に巻き付けてぶら下がるもの。その強靭さと器用さには前足、後ろ足、尻尾の5本とも、ほとんど差がないように見える。大小のサルが飛び回る様は、まるで森の中の集団体操競技を見るようだ。周囲の森はにわかに騒々しくなった。

2頭のサルがしっかりと絡み合うように抱き合って木からぶら下がり、どの手がどちらのサルのものか見分けがつかないものもある。オスとメス、メス同士、オス同士を問わずあいさつをかわすように抱き合う姿も見える。生まれたばかりの小さな子どもは細く長い手でしっかりと母親の胸につかまっていた。

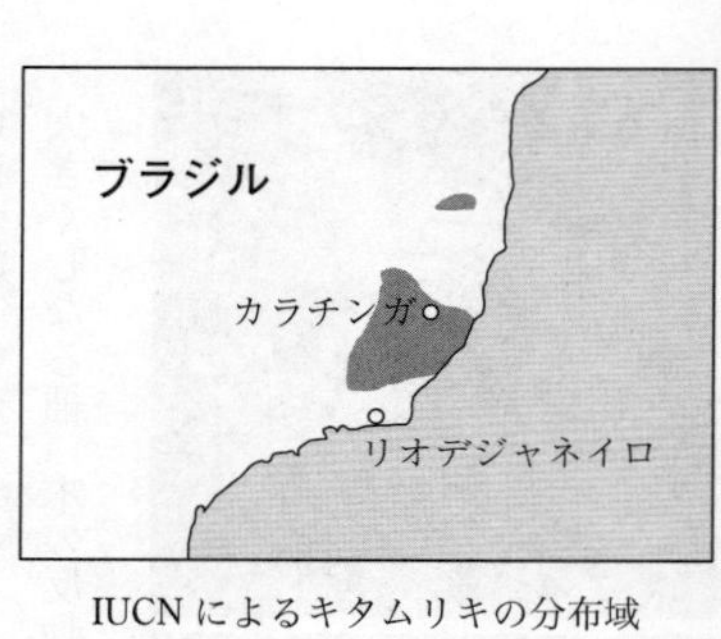


IUCN によるキタムリキの分布域

彼らの名は「ムリキ」。オマキザル科のサルでウーリークモザルとも呼ばれる。体長は大きいものでは80センチ程度、尻尾の長さが体長を超えることもある。新大陸最大の霊長類で、ブラジルの固有種だ。リオデジャネイロの北約500キロにあるカラチンガ市の郊外。日本から小型飛行機と車を乗り継いでここにやってくるまで既に丸2日以上がたっていた。

周辺を農地に囲まれているこの森は「極めて絶滅の恐れが高い」とされるムリキに残された数少ない楽園だ。

## 大西洋の森

ムリキがすむ森はアトランティック・フォーレストと呼ばれる。かつてはブラジルの大西洋岸の広い範囲を覆っていたこの森には多数の固有種の生物が生息しており、生物多様性のホットスポットと呼ばれる世界35カ所の1つだ。伐採が始まる前は約130万平方キロ近くあったが、現在は10万平方キロ以下、当初の7％程度が残るだけになってしまった。残された森も分断が進み、森林破壊はアマゾンの熱帯雨林よりはるかに深刻だ。アトランティック・フォーレストには260種を超える哺乳類の生存が確認されており、72種がここにしかいない種で、ムリキもその1つだ。以前はアトランティック・フォーレストで多数が暮らしていたムリキも、森林破壊と狩猟の影響で個体数が激減した。国際自然保護連合（IUCN）によると、リオデジャネイロの北と南に分かれて2つの亜種があり、いずれも絶滅危惧種だ。

周囲の森が伐採され、コーヒー園や牧場に姿を変える中、カラチンガに残るこの約100ヘクタールの森は、所有者だった故フェリシアーノ・アブダラが手付かずのまま残しておくことを決め、以来、ムリキの貴重な生息地となった。フェリシアーノは森をムリキの研究者に開放し、日本人を含めた多くの学者らが、ここで生態研究や保護活動に取り組んだ。2001年に彼が亡くなったのを機に、孫のラミロ・アブダラらがこの森を「私設保護区」とすることを決め、保護活動のための市民団体も設立した。

「私設といっても、ブラジル政府と契約を結んで認められることが必要で、定期的に政府の立ち入り調査を受ける。森の中で木を切ることはもちろん、種1粒だって持ち出せない」とラミロ。固定資産税が免除される以外メリットはないが、ラミロは「この森がなくなったらムリキは絶滅してしまう。それは誰も望んでいないんだ」と言う。

## ヒッピー暮らし

1982年から、この地で研究を続けている米ウィスコンシン大学教授のカレン・ストリアーは、ムリキ研究の第一人者だ。「テーマを探している時に先輩の霊長類学者の招きでムリキを初めて見た時、これだと思った」と話す。当時、ムリキのことを気に留める研究者はなく、生態などはほとんど知られていなかった。以来、30年余り、ストリアーはほぼ、ムリキ研究一筋に取り組んだ。ムリキの生態や彼らが置かれた厳しい状況などに関する研究成果や論文のほとんどが彼女が関わったものだ。

ストリアーはムリキのことを「世界で最も平和的で平等主義者の霊長類だ」と言う。多くのオスやメスが場合によっては50頭くらいにまでなる群れを作るが、群れの中に順位はなく、リーダーの座をめぐる争いは観察されていない。ムリキ同士がエサやねぐらの場所を巡って争うことも、オスがメスを奪い合うこともない。本来、食べ物が豊かな森に暮らしていたことから競争の少ない社会が形成されたのではないかと見られている。

ストリアーは著書の中で1200時間を超える観察の中でムリキが暴力的になったのはわずか31回だけで、そのうち集団内でのもめ事は3回のみ、しかも極めて短時間で終わったとのデータを紹介している。

争いを好まない彼らの生活が明らかになると、彼らを「ヒッピーモンキー」と呼ぶものまで現れた。「平等主義で平和な体操選手」のイメージから、2016年のリオデジャネイロ五輪・パラリンピックのマスコットとして推薦する声もあったほどだ。だが、この穏やかで群れを作るムリキの行動が、彼らを絶滅寸前の状態にまで追い込んだ理由の1つだ。

## 絶滅寸前

IUCNによると、筆者が目にした北の亜種は最も絶滅危惧のランクが高い種とされている。2000年以降、ムリキの個体数に関する初めての本格的な調査が行われ、国内のほぼすべての生息地について、そこにいるムリキの数が調べられた。全部で855頭しかいないというのがその結果だった。その生息域は12カ所の小さな森に分断され、私有地も多い。中には3~7頭しかいない場所もあり、100頭を超えるのは、わずか3カ所だけだ。広大なブラジルの中で、これだけ正確に数が突き止められるということは、ムリキの数がいかに少なくなってしまったかの証明でもあり、北のムリキは世界で最も絶滅の恐れが高い霊長類の1つだとされるまでになっている。南の亜種の個体数は1300頭と推定され、北の亜種よりもまだ多いが、その数は北の亜種同様に減少傾向にあり、やはり絶滅の恐れが高いとされている。

ストリアーが、ブラジルのエスピリトサント州連邦大学などと共同で行った152頭のムリキの遺伝子分析では、現存するムリキの遺伝的な多様性が極めて低いことも分かった。ストリアーによると多様性は中南米の霊長類について報告されたものの中では最も低く、世界の絶滅危惧霊長類の中でも最も低いレベルだという。個体群によっては数が極めて少なくなり、生息地も孤立して、分断されているのだから当然の結果だが、このままでは近親交配も進んで、一挙に絶滅に向かうことも心配されている。

ムリキの数がここまで減ってしまったのは、生息地のアトランティック・フォーレストの急激な減少が最大の理由だ。ブラジルのパラナ連邦大学のグループが、ムリキの現在の個体数のデータや生息地の気象条件などを基に最新のコンピューターシミュレーションモデルで過去にどれくらいの範囲にムリキが生息していたかを推定したところ、南の亜種も北の亜種も、沿岸の森林地帯を中心に南北500キロ近くの広い範囲に暮らしていたとみられることが分かった。これと現在の生息地の面積を比べると、北の亜種の現在の生息域はそのわずか7・6%、南の亜種は12・9％でしかないとの結果だ。これらの数字はアトランティック・フォーレストの減少率とよく合致していることが分かる。

アトランティック・フォーレストの破壊は深刻なのだが、国際的な注目度は高いとは言えない。ストリアーは著書の中で「アトランティック・フォーレストやそこに暮らすムリキの状況は、貴重な自然がいかに簡単に、短時間で破壊されてしまうのかを非常によく示しているのだが、国際的に大きな注目を集めているアマゾンに比べて、それへの関心度は低い」と嘆いている。

アトランティック・フォーレストの昔と今

ムリキが減ったもう1つの理由は、食べ物目当て、あるいはスポーツとしての狩猟の対象となったためだ。いくら動きが素早いといっても体が大きく、群れで行動するムリキを撃つことはさほど困難ではない。あるブラジルの研究者は、食料として焼かれて黒こげにされた長い尻尾のサルの死体の写真を見せてくれた。一方で、地元のコミュニティの間でムリキを撃つことが昔から禁じられてきたエスピリトサントの森にはカラチンガの森と同じくらいの数のムリキが残っている。最近では狩猟で殺されるムリキはほとんどいなくなり、手厚い保護を受けているが、一部の民有地では依然として殺されることもある。ムリキは40年以上生きる比較的長寿の動物で、最初に子どもを生むのが9〜10歳と遅く、出産間隔も3年と比較的長いため、繁殖力は低い。残されたムリキが1頭でも失われることはムリキの保全上、大きな悪影響を与える。

### 見えてきた希望

カラチンガのステーションで研究と保護に取り組んで30年余り、ストリアーらの保護活動が実って、当初は50〜60頭しかいなかったムリキは、今では325頭にまで増えた。これは、全個体数の約3分の1に当たる。彼女は、ほぼすべてのムリキを識別し、名前で呼ぶまでになった。研究を始めたころに生まれたばかりのメスの中には今では孫がいるものもある。

ストリアーとラミロらの努力の結果、ムリキを研究するブラジル人の学者も増え、南の亜種についても同様の保護活動や研究が進み始めた。2003年5月には、2つの亜種がブラジル政府によって国の絶滅危惧種と指定された。ムリキの保全や研究に関わる研究者らによって10年には「ムリキ保全のための行動計画」もまとめられた。ムリキ保全に対する市民や政治家の関心を高め、他地域での保全や保護区間のネットワークをつくり、20年までに両亜種の絶滅危惧度のランクを1段階下げることが目的だ。

群れの数が増えるに連れ、本来は樹上生活者のムリキが地上に降りて落ちた果物などのえさを食べたり、以前はあまり食べなかった木の葉や木の実を口にしたりするようになってきたとの観察結果も得られている。「ムリキは思ったよりも柔軟に環境の変化に適応することができるのではないか」とストリアーは言う。また、成年に達したムリキのメスが保護区から出て、危険を冒して別の森にまで移動する行動が観察されている。ムリキはグループ間をメスが移動

カラチンガのムリキ保護区の入り口

ムリキが暮らすカラチンガの森

することで遺伝的な多様性を保っているらしい。何頭かのムリキがカラチンガの森を出て、近くの別の森に移動して生息域を広げた可能性も指摘されている。ストリアーらは、周辺にムリキが生息できるような新たな森を見つけて、カラチンガの森と「緑の回廊」でつなぐことなどを計画している。ムリキを絶滅から救う希望の火が遠くに見えてきた。

## 名誉市民

思い思いの場所で食事をしていたムリキの多くはいつの間にか木の上に座って昼寝を始めた。2頭が絡み合うようにして物珍しげにこちらを見ている。騒々しかった周囲はいつしか静かになり、母親に背負われた子どものムリキは、小さなしっぽを母親の太いしっぽに巻き付けて目を閉じる。

筆者がカラチンガの森でストリアーと会った2013年6月、彼女は30年に及ぶムリキの保護への貢献から、地元のカラチンガ市の名誉市民に認められ、そのセレモニーが開かれた。カラチンガは今では「絶滅危惧のムリキを守り、育てた町」として知られるようになった。「私のような外国人が地元に受け入れられ、ムリキへの理解が広まったことは何よりの喜びだ」とストリアー。保護活動にお金を出してくれる人を、ムリキの「里親」にするプログラムを近く始める。「日本人にもぜひ、ムリキの里親になってほしい」と呼び掛る彼女は、16年、国際霊長類学会の会長に選ばれた。

## 第3節　絶滅の淵から　タマリン

ゴールデンライオンタマリン

しっとりとした空気が満ちる森の中に「キーッ、キーッ」という声が響き、黄金色の残像を後に、視界の片隅を横切る動物の姿があった。息をひそめてその方向に近づくと、樹上の思い思いの場所で、果実などを口に運ぶ20頭ほどの群れが見えた。

声の主の名はゴールデンライオンタマリン。体長20～30センチ、体より長い尾が特徴の小型の霊長類で、ブラジル東海岸の森にだけしかいない。小さな子どもを含む大きな群れだ。ゴールデンライオンタマリンは木から木へと身軽に飛び回り、食事を始める。人間を恐れる風はあまりなく、手を伸ばせば触れそうな高さの木に座って、じっとこちらを見ているものもいる。

中には行動追跡のための小さな発信器を付けたものもいる。長い尻尾が彼らの特徴の1つだ。垂れ下がった細長い尻尾に、同行した研究者が誤って触れてしまった時、タマリンは慌てて自分の尻尾を手に取り、まるで尻尾に汚いものがついたかのように尻尾を手で払う様子を見せた。周囲に思わず、密かな笑いが漏れる。

彼らが動くたび、その美しい金色の毛が、まばらな林の中に差し込む日差しに輝く。まさにライオンを思わせる美しい毛並みと愛らしい仕草は、アジアのドゥクラングールやキンシコウと並んで、「最も美しいサル」ランキングの常連だ。だが、ゴールデンライオンタマリンはその姿ゆえにペットとして珍重され、それが個体数減少の一因となった。生息地の破壊も深刻で個体数も少なく、分布域も限られ、野生の個体を見ることは簡単ではない。リオデジャネイロから東に約100キロのここ、ポソ・ダス・アンタス自然保護区とその周辺が、IUCNによって「絶滅の恐れが高い」とされるこの美しいサルに残された数少ない生息地だといっていい。

### ペット人気

タマリンは霊長類の「属」の1つで中南米に生息する小型のサルの仲間だ。同様に中南米にいる小型の霊長類にはマーモセットがある。白い大きな口ひげがあることから名付けられたエンペラー(皇帝)タマリン、胸の毛が赤く、口の周りの毛が白いムネアカタマリン、頭の周りにふさふさの白い毛があることからその名があるワタボウシタマリンなど多様性は高く、ユニークな姿がペットや動物園で人気が高い。

タマリンの中には絶滅の恐れがないものも多いが、コロンビア原産のワタボウシタマリンは生息地の森林破壊で数が減り、「絶滅の恐れが極めて高い種」とされているし、ブラジルのクロガシラライオンタマリンも生息地破壊や狩猟などによって数が400頭程度にまで減ってしまい、同様に「絶滅の恐れが極めて高い種」とされている。

クロガシラライオンタマリンもゴールデンライオンタマリンも、その生息地は、ムリキの節で紹介したブラジル大西洋岸のアトランティック・フォーレストである。もともとあった森が今では7%程度にまで減ってしまったことが、ゴールデンライオンタマリンを絶滅寸前にまで追い込んだ大きな理由の1つだ。ブラジルでは多くの霊長類が生息するアマゾンの熱帯林の破壊が大きくメディアで取り上げられるが、生物多様性のホットスポットであるアトランティック・フォーレストの方が森林破壊ははるかに深刻で、絶滅危惧種も多い。

ゴールデンライオンタマリンはアトランティック・フォーレストの沿岸部から標高300メートル程度の比較的、標高が低い地域の森林が主要な生息地であるだけに、開発の影響をより多く受けやすかった。彼らが、感染症を媒介するとの誤った情報が伝えられ、生息地近くの住民に多数が殺されたこともあるという。

ブラジル霊長類学の父と呼ばれたレオナルド・コインブラ＝フィーリョ

## わずか200頭

ゴールデンライオンタマリンの厳しい状況が最初に明らかになったのは、1962年から69年にかけてブラジルの研究者が行った生息地調査である。調査をしたのは「ブラジル霊長類学の父」と言われるレオナルド・コインブラ＝フィーリョ（故人）で、一度は絶滅したと考えられていたキンゴシライオンタマリンを65年ぶりに「再発見」したことでも知られる。彼の調査で、アトランティック・フォーレストに広く分布していると思われていたゴールデンライオンタマリンが多くの場所でいなくなり、残された生息地も極めて限られていることが分かった。推定された個体数は少なければわずか200頭、多くても600頭、というのが結果だった。

その後のコインブラ＝フィーリョによる努力抜きで、ゴールデンライオンタマリンのことは語れない。一度、会いたいと思っていた彼に筆者がインタビューしたのは2012年の秋のことだった。リオデジャネイロの中心部から少しはずれたアパートメントで彼は「調査を始めた当初は世界の研究者もブラジル政府の関心も低かった。われわれの研究結果に応えて、米国など多くの国の人々が協力してくれなかったらゴールデンライオンタマリンはとっくの昔に絶滅していただろう」と振り返った。

コインブラ゠フィーリョによると、ゴールデンライオンタマリンを絶滅寸前にまで追い込んだのは１９６０年代末に残された生息地の土地の多くが民有地で政府の保護の手が及んでいなかったこと、先進国のペット市場や動物園向けにゴールデンライオンタマリンが多数、捕獲されて海外に輸出されたことだった。

IUCNによるタマリンの分布域

ゴールデンライオンタマリンが国際的な注目を集めるようになったのは、コインブラ゠フィーリョの訴えに米国の保護関係者や霊長類学者が応えて、ワシントンＤＣの国立動物園で開いた国際会議だった。会議のタイトルは「ゴールデンマーモセットを救うには(Saving the Lion Marmoset)」というものだった。当時はまだ分類さえきちんとなされておらず、マーモセットの1種だと考えられていたことが分かる。会議には米国やブラジルのほか欧州の研究者らも参加し、その美しい姿とともに彼らが置かれた厳しい状況に国際的な関心が払われるきっかけになった。会議の議論を基に、国際協力によるゴールデンライオンタマリンの保全計画がまとめられ、ブラジルではコインブラ＝フィーリョを中心に、人工繁殖で数を増やし、ふさわしい生息地を定めてそこに野生復帰をさせる事業が進められるようになった。欧米の環境保護団体は、ゴールデンライオンタマリンを動物園などに売ることや、ペットとして飼うことをやめるよう求めるキャンペーンを始めた。１９７５年、絶滅の恐れがある野生生物の国際商取引を規制するワシントン条約が発効し、ゴールデンライオンタマリンの国際商取引はその時から禁止された。

### 人工繁殖

人工繁殖は手探りだったが、やがて徐々に軌道に乗る。もっと困難だったのは、彼らが長く暮らしてゆけるような森を探すことだった。試験的に野生に放したゴールデンライオンタマリンがその直後にペット目当てに盗まれるといった例もあったという。計画当初、多くの農民は、タマリン保全のために自らの農業活動が制限されることを警戒して、周囲の森にゴールデンライオンタマリンを放すことに反対していた。

それでも１９９０年代に入ると、保全活動はさらに加速する。ゴールデンライオンタマリンは92年にリオデジャネイロで開かれた地球サミット（国連環境開発会議）でも、森林破壊によって生息を脅かされる野生生物の象徴の１つとされ、その姿がメディアで広く取り上げられることにもなった。ブラジル政府によるタマリンの本格的な生息調査が91年から92年にかけて実施され、92年末には国としての保全計画もまとめられた。

だが、初の本格的な調査の結果は芳しいものではなかった。生息地は計14カ所だけで、そのすべてを合わせてもわずか100平方キロ余り、総個体数はわずか272頭とされた。生息地の分断も進んでいて、多くは200ヘクタールにも満たなかった。

ゴールデンライオンタマリンが暮らすポソ・ダス・アンタスの森

一方でその翌年、研究者を喜ばせる大ニュースがもたらされた。リオデジャネイロ郊外のポソ・ダス・アンタス地区にこれまで知られていなかったゴールデンライオンタマリンの集団が生き残っているのが発見されたのだ。その個体数は300頭弱。これが冒頭で紹介したゴールデンライオンタマリンの群れだ。この結果、当時の推定個体数は600頭弱となる。コインブラ＝フィーリョが60年代に行った調査は、驚くべき正確さだった。
コインブラ＝フィーリョは「ポソ・ダス・アンタスはどうしても守らなければいけないと思った。92年にはゴールデンライオンタマリン保護のための基金やゴールデンライオンタマリン協会という保全の中心となる組織が設立された。生息地を確保するために私有地を提供してもいいという地主も現れ、保全活動は徐々に進んでいった」と話してくれた。

ブラジルの20レアル札のデザインはゴールデンライオンタマリンだ

## 民間の保護区

繁殖と野生復帰の成果も徐々に現れ始め、ゴールデンライオンタマリンの数は少しずつ増え始める。1994年からは、タマリンが生息していない場所に運んで新たな生息地を作らせるという事業も始まり、100頭を超えるタマリンが暮らす森も新たにつくられた。現在、ポソ・ダス・アンタス自然保護区の周辺には、国が設定した保護区に隣接して、20カ所を超える私設のタマリン保護区が設けられ、周辺の農家では森林を伐採せずに、森の中でさまざまな農作物を育てる「アグロフォレストリー」の試みが広がっている。分断された保護区同士を「回廊」でつなごうという事業も動き出している。

2000年に行われた最新の生息数調査で、ゴールデンライオンタマリンの数は約1000頭にまで増えていることが分かり、個体数の減少に歯止めがかかったことが確認された。ゴールデンライオンタマリンは、ブラジルの20レアル札のデザインに採用された。コインブラ＝フィーリョが、ほぼ独力で生息調査を始めてから半世紀近くを経て、彼らは今や、ブラジルの生物多様性の豊かさを代表する動物となった。

2003年、IUCNは、生息状況が改善されたとして、ゴールデンライオンタマリンの絶滅危機のランクを、最もリスクの高いレベルから1つ下の「絶滅の恐れが高い種」に「格下げ」をした。

チンパンジーの保護で知られる霊長類学者、ジェーン・グドールは世界各地の生物種保護の成功事例をまとめた著書の中で、ゴールデンライオンタマリンの例を取り上げ、「保全活動の結果、絶滅危機のランクが下げられた唯一の霊長類だ」とその成果を評価している。グドールは、生息地周辺の住民と気の長い対話を続け、保全や野生復帰、保護区づくりへの理解を広げていったブラジルの霊長類学者の努力をたたえ「成功の秘訣はブラジルの人々自らが保全に努力したからだ」としている。

ゴールデンライオンタマリンの森のすぐ近くには牧場や農場が迫る

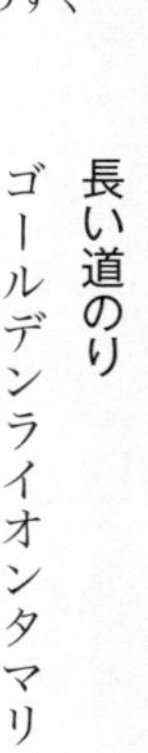

## 長い道のり

ゴールデンライオンタマリンの群れは、ポソ・ダス・アンタスの森の中に長くとどまり、時折、木から木へと移動しながら、食事と休息を続けていた。時々、鋭い鳴き声を上げるものもいるが、食べ物の奪い合いをすることもなく、静かに時間が流れていった。

「こんな大きな群れを、これほど長時間、見ることができるとは驚きだ。20年前は森の中を1週間歩き回っても、声さえ聞こえないことがあったのに。これは偉大な成功事例だ」とラッセル・ミッターマイヤーが感慨深げに言う。環境保護団体、コンサベーション・インターナショナルの名誉副議長で、南米やマダガスカルの霊長類に詳しい彼は、ゴールデンライオンタマリン保護活動の中心人物の1人だ。

だが、彼らが絶滅の危機を脱した訳ではない。依然として、ゴールデンライオンタマリンはわずかになったブラジルのアトランティック・フォーレストに、1000頭程度しか残っていない。公設であれ、私設であれ、保護区の森を一歩出ればそこは開けた農地だし、開発の波はすぐそこまで来ている。

グドールも著書の中で「すべての保全プロジェクトがそうであるように、保護関係者は座ってリラックスすることはできない。（ゴールデンライオンタマリンの）生息地破壊はまだ続いており、残された森林の分断と孤立化は依然として、タマリンの生存にとっての大きな脅威である」と指摘している。

最近になって、ブラジル北部にすむ別の絶滅危惧種のタマリンが、この保護区の森に放されて数が増え、ゴールデンライオンタマリンと競合していることが報告された。ある絶滅危惧種が、別の危惧種の生息を脅かすという皮肉な事態だ。天敵に捕獲される例も増加傾向にあり、保護区内のタマリンの個体数が減っている可能性があることも指摘されている。他の生息地を探そうにも残されたアトランティック・フォーレストはあまりに少なく、今より大幅に数を増やすことは難しい。

わが身に迫る脅威を知らずに、木から木へと跳び回る黄金色のサル。彼らの将来を真に確実なものとするための道のりはまだまだ長い。

ふてぶてしい顔つきのアカウアカリ，フェリックス

## 第4節　帰れないサルたち

南米ペルー、アマゾン川の交易都市、イキトスから車とボートを乗り継いで約1時間。アマゾンの支流、ナナイ川沿いの小村、パドレコチャにある野生生物の救護センターに足を踏み入れた途端、1頭のサルが高い木の上から肩に飛びかかり、カメラバッグをひったくろうとしてきた。

「あわてずに、関心がないふりをして」と施設を運営するグドラン・スペーラーが言う。

サルの名はフェリックス。アマゾン川流域にのみ生息する絶滅危惧種の霊長類で、先に紹介したアカウアカリのオスだ。

ペットとして売られていたもの、レストランで見せ物になっていたもの、違法に輸出される直前に警察に押収されたものなど、センターには政府や環境保護団体から託された多数のサルが収容されている。3年半前に、警察が近くの農民が飼育していたところを押収し、瀕死の状態で運ばれてきたフェリックスも、その中の1頭だ。一時はエサも口にできないほど衰弱していたが、幸いなことに獣医師の治療が功を奏して一命を取り留め、今では施設内を我が物顔で飛び回るまでになった。この施設にはフェリックスと同じような形で運ばれてきたアカウアカリが他に9頭もいる。これほどの数のアカウアカリを飼育している施設は他にない。アカウアカリの違法な捕獲が今でも続いていることの証明だ。

### 押収動物園

スペーラーによると、元気になった個体を野生に返すことも検討されたが、もともと群れで

サキ

クモザル

保護されたナマケモノの子どもを手に，野生生物の違法な取引の実情を語る獣医師のオーランド・ルイス

行動するサルである上、どこで捕獲されたのかも分からない。野生のアカウアカリが持っていない病原体を持っていることへの懸念もあって、彼らが森に帰ることはもはやできない。

「これはクモザル。あそこのおりの小さいサルがリスザルで、これはフサオマキザル。この地域の森には13種類の霊長類がいて、そのうち10種類がここにいます。その数は年々、増えていて今では50頭を超えました」とスペーラー。

「この小さなサルはピグミーマーモセットです。ペットとして人気が高く、多分、日本でも売っているはず。近くの町の市場で売られているのを警察が押収しました」。

マーモセットなど小型のサルはまれに野生に復帰させることができるが、施設のサルのほとんどは、二度と故郷の森に戻ることはできない。

施設には霊長類だけでなく、ナマケモノやオウムの仲間などの大型の鳥類、さらには1頭のジャガーもいる。「このジャガーは生まれた直後にバッグの中に入れられて船で国境を越えようとしているところを警察に押収され、ここに運ばれてきたものです。獣医の手厚い治療のおかげで一命は取り留めたけど、野生に返すことはできません」とスペーラー。ほかにも、オセロット、アリクイ、バクなどが飼育されており、ここはまるで動物園だ。

この施設には、イキトスから定期的に獣医師が通ってきて飼育されているサルなどの健康状態をチェックしている。獣医師のオーランド・ルイスはここで働き始めて5年になる。彼は瀕死のフェリックスの命を救った人物だ。

「フェリックスがここに運ばれてきた時は、脱水症状が激しく、食べ物も食べず、やせこけていた。血液検査をしても何もおかしなことはなかったが、超音波で内臓の結石が見つかった。自宅に連れ帰って一日中、様子を見ていて、結石を溶かす薬をジュースに混ぜて飲ませたら、3日後に突然、症状がよくなった」と3年半前のことを昨日のことのように語る。「野生動物を飼うことは環境のためにもよくないし、かまれてけがをしたり、病気を移されたりするのだから、人間にとってもよくないのだが、多くの人がそれを分かっていない。イキトスはアマゾンの熱帯林に近いので、野生動物のブラックマーケットが長く存在している。サルだけでなくありとあらゆる動物が違法に取引されている。ナマケモノやジャガー、バク、イルカだって値段次第で注文に応じる猟師はいる。太いチューブの中に、たくさんのハチドリが入れられているのを見たこともある」というのが、この地の野生動物取引の実態をよく知るルイスの話だ。

「これはペルーにとっての大きな問題なんだが、法律はあっても役人の腐敗は深刻で、摘発の手は緩く、役人に賄賂を渡せば、見逃してもらえる。先進国の水族館や動物園の関係者が買い付けにくることもある。生きたサルの取引は深刻になっていると思う」とルイス。「最近、インターネットで密猟した生物を売っていた男が摘発されたが、罰金を払うだけで刑務所には入らなかった」。

ここはスペーラーがドイツ人の旧家を買い取って始めた民間の施設で、一部を除いて見学者が払う入園料と寄付で運営されている。年間の費用は3万ドルなので維持は容易ではないが、ここに運び込まれてくる動物の数は増える一方だ。

広いおりの中ではボランティアの女性が見慣れぬサルにえさを与えていた。「このおりの中にいるのはサキというサルで、珍しさからペットとして人気だったことがある。1匹の子どもを捕らえるために親などが何匹も殺されるケースが多い。絶滅危惧種のサルに多額の金を払う人や組織がある限り、フェリックスのようなサルが次々、ここにやってくることになる」。スペーラーは怒りを隠さない。

## 闇マーケット

アマゾン川流域では、多くの霊長類が違法に捕獲され、ペットなどとして海外にまで輸出されており、これが、絶滅が心配される霊長類にとってはその種を守る上での大きな問題になっている。ペルーには、イエローテイルウーリーモンキー、アンデスティティモンキーとアンデスナイトモンキー(ヨザル)などの固有種を含む50種を超える霊長類が生息、霊長類が豊かな国として知られているのだが、政府の取り締まりが不十分で、霊長類の違法取引の中心地の1つだと多くの研究者に指摘されてきた。

その一例は、2012年に英国の研究者が発表したデータだ。ペルー北部のサン・マルティン県とアマゾナス県で07年4月から11年12月までの長期にわたり、野生動物市場や闇動物園、レストランや露店で売られている生きた野生動物やブッシュミートなどの数や種類を調べ、地元住民に狩猟の状況などを尋ねたアンケートも加えた大がかりな調査である。売られていることを確認した動物は全部で2643頭。うち315頭はIUCNが「絶滅の恐れがある」としていた動物で、ワシントン条約で国際商取引が禁止されている動物が12種類みつかった。

種類別ではオウムが1497羽と最も多かったが、霊長類が279頭でそれに次ぎ、哺乳類の中では最も多かった。中にはイエローテイルウーリーモンキー、アンデスティティモンキーなど、IUCNが「極めて絶滅の恐れが高い種」としているサルも含まれていた。霊長類は、生きて売られているものの比率が85%とほかの動物に比べて高く、ペットやレストランでの見せ物向けに捕獲されていた。中でもイエローテイルウーリーモンキーは野生の個体数の減少が近年、著しいと報告されているにもかかわらず、調査期間中に23頭も発見された。住民への聞き取り調査では子連れの母親を殺して、子どもをペット向けに捕らえる手法が一般的だった。研究グループは「繁殖に時間がかかり、個体数が極めて少ないイエローテイルウーリーモンキーなどは、たとえ捕獲される数が少なくとも悪影響は非常に大きい」と指摘、保護対策と取り締まりを強化する必要性を強調している。

研究グループによると、近年、ペルーでペット目当てやブッシュミートのための違法な捕獲や取引が確認された霊長類の数は６８００頭を超える。「摘発されるのは氷山の一角で、殺されたり、捕獲されたりしている霊長類の数は年間20万頭近くに上る」というのがグループの推定だ。最も多いのはクモザルの仲間で、これは第１節のボウラーの話とも一致する。

このほか、ペルーやその周辺国では、ヨザルの仲間が大量に捕獲されて海外にペットや実験動物として輸出されているし、ベネズエラの固有種で、個体数が３００頭程度しかいなくなったフサオマキザルの１種が違法に捕獲され、売られていることなどが報告され、いずれも種の保全に与える悪影響が懸念されている。

### 密輸指南

施設を訪ねた翌日、スペーラーがイキトスの市場を案内してくれた。ピラルクなど、アマゾン原産の巨大な魚や動物の干し肉などを売る店がびっしりと並び、生臭い空気が体にまとわりつく。迷路のような道を人々が泥水をはね上げながら行き交う。南米ペルー、アマゾン川に面し、古くから交易で栄えた都市イキトスの巨大な市場は、道案内の人と一緒でないと、あっという間に自分のいる場所が分からなくなる。どこへ行っても喧噪が支配するその市場の片隅。「ほらあそこ」とスペーラーが指さす先に、1人の男がいた。

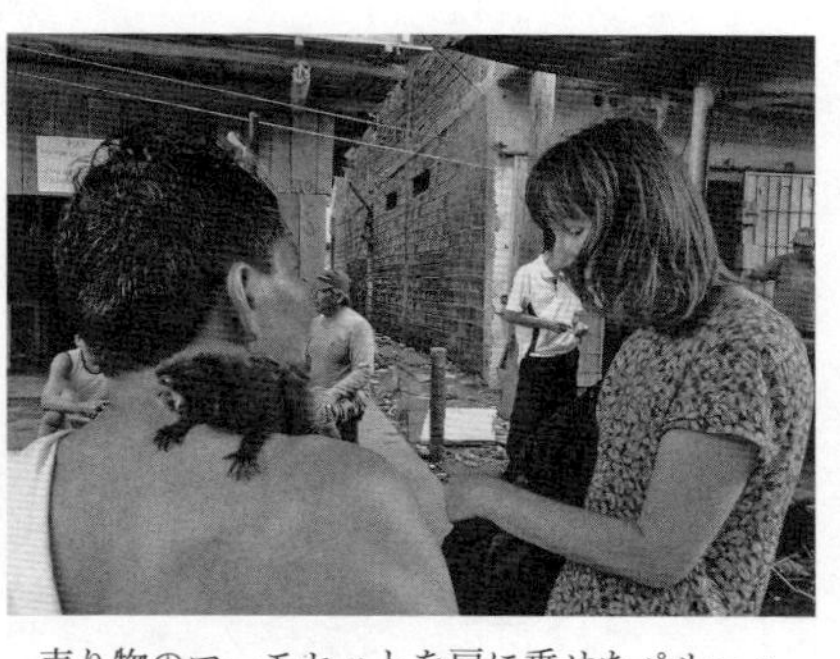

売り物のマーモセットを肩に乗せたペルー・イキトスの市場の商人

足元に並んだ容器の中には、小さなワニが3匹、大きな淡水ガメが4匹、緑のインコが5羽以上……。「これはどこから来たの?」と聞くと「写真を撮るなら金を払え」と言っていた男は突然、容器を台の下に隠し始め、「何も知らない」と背を向けた。男の肩に乗った小型のサル、マーモセットが小さな目でこちらを見つめる。ペットとして日本国内で、1頭10万円超で売られることもあるサルだ。「あの男はちょっと前までもっと多くのサルやナマケモノも売っていたのよ」とスペーラーがささやく。すぐ隣の店では淡水ガメのマタマタが売られていた。日本では2万～3万円で取引されることもあるカメだが、ここでの値段は約1000円だった。

「日本に持って帰れる?」と聞く。「見えるように持っちゃ駄目。ぬらした靴下の中に入れ、シャツでくるんで手荷物に入れていけば、ちょっとの時間なら死なないから大丈夫」と、売り手の女性が密輸の手法を教えてくれた。

「近年、政府の摘発が厳しくなり、少なくなったけれど1年前まではありとあらゆる生き物が売られていた」とスペーラーが言う。

「1匹の子ザルを手に入れるために多数の成獣が殺されることもあり、環境への悪影響は大きい。安易に手を出す観光客も含め、先進国の市場がなくならない限り、違法な野生生物取引の根絶は難しい」というのがスペーラーの見方だ。

スリナムの市場で売られるリスザル

× × ×

2017年の1月、スペーラーから悲しい知らせが届いた。あれほど元気に飛び回り、訪れる人を脅かし、困らせていたアカウアカリのフェリックスが死んでしまったという。施設内で負った足のけがが悪化したのが原因だった。誰もが分かっていたことだったが、フェリックスはついに故郷の森を再び飛び回ることはなかった。

**【コラム】　新たな群れ発見の最新報告**

地球上にはどのような生物が暮らしているのかが、よく分かっていない場所がまだまだあり、今になっても新種の生物の発見が次々と報告されている。ボノボやチンパンジー、ゴールデンライオンタマリンなどで、それまで存在が知られていなかった集団が最近になって発見されたことを紹介した。

絶滅が懸念されているブラジルの固有種、ムリキについても２０１６年７月、新たな個体群が発見されたことが報告された。バリのボノボ同様、地元に暮らす先住民などの目撃情報がきっかけで、霊長類学者にとってはフィールドでのこのような聞き取り調査も重要な課題になる。

発見されたのはムリキの南の亜種で、場所はブラジル南部のパラナ州だった。この地に暮らす人々が「モノ」と呼んでいるサルが、ムリキではないかとの説もあったが確証はなかった。パラナ連邦大学などの研究者は２００８年６、７月にモノの目撃例が多い地域で住民にインタビューを行った。モノの目撃証言の中には20年以上前のものもあったが、森林破壊によって分断され、残り少なくなった森の中に今でもモノが残っているらしいことが判明した。現地に赴いた調査チームは、3頭のモノを確認し、森の樹上を渡っていくその姿をビデオに収めることに成功。分析の結果、モノはムリキであることが分かった。だが、この生息地の森は私有地で、しかも約700ヘクタールと極めて狭い。群れの数もごく少ない。グループは「早急に保護策を講じないとこの地のムリキは絶滅してしまう」と警告している。

# 終章　つながる世界

## 第1節　続く脅威、新たな懸念

第5章4節で紹介した生きた個体の違法な取引は、霊長類にとっての大きな脅威で、アジアやアフリカでも深刻だ。犠牲になるのはタマリンやマーモセット、スローロリスのような小型の霊長類にとどまらず、ゴリラやオランウータンなどの大型類人猿もその例外ではない。日本でも1999年に大阪のペットショップで、国際商取引が厳しく禁止されているオランウータンが販売されていることが発覚し、4頭のオランウータンが保護されたという事件が大きく報道された。もともとは5頭の密輸だったが、うち1頭は日本への輸送中に死んでしまったという。犯人の処罰とともに大きな問題になったのはこのオランウータンをどうするかだったが、曲折を経た後、2000年に、マレーシア・ボルネオ島の保護施設に返還された。日本で大型類人猿の密輸の摘発はこれ以降、表面化したものはないが、世界各国ではこの種の事件は日常的に起こっているといっても過言ではない。

## 大胆な手口

「2000年のある日、カタールのドーハ空港で係員が、段ボールの箱がごそごそ動いていることに気付いた。調べてみると中から出てきたのは2頭のチンパンジーの赤ん坊だった。2頭は保護されザンビアの保護施設に送られた」「2005年の12月、コンゴ民主共和国(DRC)からロシア行きの飛行機に乗ったロシア人の手荷物から2頭の幼いボノボが見つかった。ボノボは押収されたがカップルは尋問を受けることもなく、予定どおりロシアに到着した。カップルは頻繁にモスクワとキンシャサの間を行き来しており、この手の密輸を頻繁に行っていたらしいことが後になって分かった」——。国連環境計画と大型類人猿保全計画(GRASP)が組織した研究グループが2013年にまとめた大型類人猿の違法取引に関する調査報告書には、こんなウソのような事実が何件も紹介されている。

公表された事例の追跡調査や聞き取り調査などをまとめた報告書によると、生きた類人猿の買い手は、個人、レストランや土産物店の客寄せ用、海外のペットコレクター、動物園、サーカスや遊園地など幅広い。私設の繁殖施設が買い手だったこともある。個人的な犯罪や、荷物チェックが緩い外交官などによる密輸もあったが、大規模かつ組織的な密猟、密輸組織によるものもあった。２００４年にはタイ・バンコクの遊園地で１１５頭ものオランウータンが発見された。ボルネオやスマトラから直接密輸されたものとみられた。06年には40頭のオランウータンを密輸しようとしていたオランダ人が捕まったこともある。ゴリラやチンパンジーの子どもも組織的な密輸グループによって多くが海外に送られていた。05年の推定では、ボルネオから年間２００〜５００頭の生きたオランウータンが捕獲され、売られたとされている。

コンゴ共和国レフィニのゴリラの孤児院で飼育員からミルクをもらうゴリラの孤児たち

ヨハネスブルクやカイロが大きな中継地で、そこから欧州、中東に売られるケースが多いが、最大の「消費地」は中国を筆頭にしたアジア諸国だった。大型類人猿の個体数が減る中、その規模は大きく、種を絶滅から守る上での大きな障害になっている。２０１０年だけでギニアから69頭のチンパンジーが「人工繁殖したものだ」との輸出許可証付きで中国に輸出されているが、ギニア国内に繁殖施設はない。その後の調査でゴリラが10頭、計１３８頭のチンパンジーが同様の手法で中国に輸出されていたことが分かった。この密輸に関わったのが、第３章に紹介したギニアの野生生物保護の担当者だ。

これらは氷山の一角である上に、1頭の子どもの類人猿を捕らえるのに、親や場合によってはすべての群れのメンバーが殺されることもしばしばで、実際に生きた類人猿の違法取引によって殺されたものの数はさらに多くなる。

報告書によると、2005〜11年の間に押収された大型類人猿はチンパンジー643頭、ボノボ48頭、ゴリラ98頭、オランウータンが最も多く1019頭。これらを捕獲するために殺されたものの数や摘発されていない例などを加えて算出した推計値ではチンパンジー約1万4000頭、ボノボ約1000頭、ゴリラ約3000頭、オランウータン約4000頭、計約2万2000頭もの大型類人猿が殺された、というのが報告書の結論だ。違法と知りつつこれらの類人猿を多額の金を払って買おうとするものがいるためで、ゴリラの子ども1頭に40万ドルが支払われたこともあるという。

## 取引禁止に

ニホンザルと同じマカク属であるサルは、アフリカからアジアにかけての地域に広く分布している。カニクイザルやアカゲザルなどが知られるが、中には絶滅の恐れがある種も少なくない。国際自然保護連合(IUCN)は評価した22種中、15種が絶滅危惧種だとしている。中にはスラウェシ島にいるクロザルのように極めて絶滅の恐れが高いとされているものもある。マカク属で唯一、アフリカにいるのがバーバリーマカクというサルで、アルジェリアやモロッコなど北アフリカにいるが生息地は分断され、数が急減している。北アフリカにいる霊長類はこの種だけだ。かつて2万3000頭はいたとされるこのサルの現在の推定個体数は6500〜9100頭だという。木材や木炭の生産のためにすみかの森が伐採されたことが減少の理由だが、近年、主に欧州向けのペットや遊興施設での写真モデルにするために違法に捕獲されていることが大きな問題になった。犠牲になるのは子どものマカクだ。輸出国の許可証さえあれば、自由に輸出できるため、モロッコなどではバーバリーマカクの子どもが公然と1頭100〜200ユーロで売られているという。現在、欧州には約3000頭のバーバリーマカクが飼育されているというからかなりの数だ。絶滅の恐れがある野生動物の国際取引を規制するワシントン条約の加盟国は2016年の締約国会議で、モロッコと欧州連合(EU)の提案に基づいて、バーバリーマカクの国際商取引を禁止することを決めた。保護関係者は取引禁止が、バーバリーマカクの密猟や密輸対策を後押しするものになると歓迎している。

ワシントン条約は霊長類をはじめとする生物の違法取引対策上、重要な国際法で、その執行に各国が協力して取り組むこと、発展途上国の対応能力の向上に先進国が協力することの重要性が指摘されている。巨大な利益を生む野生動物の違法取引の廃絶は極めて困難だが、霊長類の将来を守るためには重要だ。そして何よりもわれわれ消費者が安易な「商品」に手を出さないようにすることが大切であることは言うまでもない。

### アフリカのアブラヤシ

森林伐採や焼き畑などの農地開発による生息地の破壊やブッシュミート目当て、あるいはペット目的での狩猟が霊長類を絶滅の淵にまで追い込んでいることは以前から指摘されてきた問題だ。だが、最近になって霊長類の生存をさらに脅かす新たな問題がみえてきた。その１つはこれまでも触れてきた世界中で急速に拡大するアブラヤシのプランテーションの問題だ。マレーシアとインドネシアの森林破壊の大きな原因となったアブラヤシのプランテーションは今、アフリカや南米にも拡大しつつある。パームオイルの需要の増加が予想される中、多くの企業がアフリカでのプランテーションの拡大を視野に入れ始めた。その理由の１つは東南アジアでの開発の余地がなくなってきたためだ。国連とＧＲＡＳＰが２０１６年にまとめた調査結果によると、14年にサハラ砂漠以南のアフリカでアブラヤシプランテーション用地として開発されたり、開発が許可されたりした面積は既に４万２０００平方キロに上るという。現在の主要な生産国はナイジェリア、ガーナ、コートジボアール、カメルーン、ＤＲＣなどだ。小規模な栽培もあるが多くはマレーシアなどアジアの大資本によるものだ。

ＧＲＡＳＰによると、アフリカのパームオイルの主要生産国はみな、絶滅の恐れの高い大型類人猿の生息地で、アブラヤシ栽培の適地は、ボノボの生息地とはほぼ１００％、ヒガシゴリラの生息地とは70％重なっている。ＧＲＡＳＰは「アフリカでのアブラヤシプランテーション開発が、類人猿の生息地や生態保全上、重要な森林に配慮しないで行われれば、森林を破壊し、オランウータンなどの貴重な生物の生息に大きな悪影響を与えた東南アジアの経験が繰り返されることになりかねない」と警告している。ＩＵＣＮの霊長類専門家グループも、アフリカで拡大の兆しを見せるプランテーション開発に懸念を表明し、各国政府には、重要な森林地帯ではアブラヤシプランテーションの開発を認めないように、企業には開発に際して環境保全への配慮を徹底することなどを求める声明を発表している。

### 温暖化の脅威

もう１つの新たな脅威は、地球温暖化による生態系の異変が霊長類に与える影響だ。先に紹介したカナダ・マギル大学のコリン・チャップマンは、温暖化が今のペースで進むとアフリカの約５２００種の植物の81〜97％はその分布域が大きく変わり、25〜41％は２０８5年までには失われてしまうとの予測があるとして、これが、植物やその果実に多くを依存するアフリカの霊長類の生存が脅かされることになると指摘している。特に高山帯の限られた地域の森林に依存しているルワンダなどのマウンテンゴリラは他地域への移動が難しいため、温暖化の影響を受けやすいとする研究者は多い。

東南アジアのオランウータンも温暖化の影響を受けやすい霊長類の1つだとされる。生息地のボルネオ島やスマトラ島では温暖化が進むと降水量が増える一方で、干魃も深刻化し、森林生態系が大きく変化したり、山火事が増えたりすることが予測されているからだ。

2016年8月、カナダのコンコルディア大学の研究者は、温暖化による気温上昇や降水量の変化の詳細な予測結果と419種の霊長類の生息域とを突き合わせ、温暖化が霊長類の将来にどのような影響を与えるかを調べた研究結果を発表した。すると、霊長類の多くが世界平均の10%から最大50%も気温上昇が大きいと予測される地域に暮らしており、そこは降水量の変化も世界平均より大きいことが分かった。特に影響が大きい生息地は、アフリカ中部、南米のアマゾン、ブラジル南東部で、アフリカのバーバリーマカクや南米のホエザルの一部が、温暖化の影響を最も激しく受ける種であるとの結果が出た。

研究グループは「森林破壊や狩猟、ペット取引といった現在の脅威に加え、気候変動は今後の霊長類の生存にとって最大の脅威になるだろう」と指摘している。

## 第2節　霊長類を守る

広大な熱帯の森の中に造られた伐採用の道路を車で走っていると、目の前に突然、大きなゴリラが現れ、道をゆっくりと横切って森の中に消えていった。道路にはアフリカゾウの新しい足跡や糞が点々と続き、この森に多くの野生生物が暮らしていることを実感させられる。赤道直下、コンゴ共和国北部。ここは広大な森林の伐採権を持つアフリカ最大級の木材会社、CIB社の森林で既に伐採が行われている場所でもある。同社は2006〜11年にかけて4つの伐採区すべて、計1万5000平方キロについて森林管理協議会（FSC）の国際認証を取得した。

FSCは、違法伐採や森林破壊が大きな問題となっていた1993年、環境保護団体や業界の関係者らが集まり、信頼性の高い森林認証制度をつくることを目指して設立に合意した独立の組織だ。森の環境を守りながら、持続可能な形で森林の経営を行っているか、労働者や地域住民の人権侵害を行っていないかなどの基準を定め、それに適合しているかどうかを、専門の認証機関が実地調査をして判定。基準を満たしているとのお墨付きが得られた森は「FSC認証林」とされ、そこからの製品にFSCのラベルをつけて売ることが認められる。消費者がFSCのラベルがついた製品を選んで買えば、違法伐採の製品などを市場から排除できる、という仕組みだ。

「ひと続きの熱帯林としては世界最大のＦＳＣ認証林で、厳密な管理計画に基づいて伐採を行っている。欧州市場への輸出のためにはＦＳＣの取得は大きなメリットだ」と、ＣＩＢで環境管理を担当するヒュー・エカニが言う。「国立公園との境界付近、動物にとって重要な川や湿地から50～１００メートルの範囲では伐採を行わない。重要な木だけを切る択伐方式で、皆伐は行わない」とエカニ。彼は「ここで違法伐採はあり得ない」と断言する。同行したガイドも「他社の森ではゾウの糞などまったく見かけることがないが、ＦＳＣの森には大型の動物が

FSCのロゴが印刷された木材製品と木材

多く暮らしている」と話す。多くの伐採労働者が暮らす町、ポコラにはCIBが社会貢献の一環として建設した住宅や病院が並ぶ。ＣＩＢ関係者は「最新の医療機器を備えた病院は首都のブラザビルのものより優れている」と胸を張った。

## 森を守る

厳しい状況に置かれ、絶滅の恐れが高まる多くの霊長類にアブラヤシのプランテーションや地球温暖化の脅威が迫る。だが、悪いニュースばかりではない。ブラジルのゴールデンライオンタマリンやムリキ、ルワンダのマウンテンゴリラなど研究者をはじめとする多くの人の努力で最悪の状況を脱しつつある霊長類もいる。政治的な混乱から立ち直りはじめたマダガスカルの政府は、森林保護区を今の3倍にする計画を打ち出した。世界各国の国立公園や自然保護区の面積は年々、増えつつある。

２００1年、ヨハネスブルクでの持続可能な開発のための世界サミットで設立された国連のＧＲＡＳＰも、資金難に苦しみつつも創立15周年を迎えたし、ＩＵＣＮの霊長類専門家グループをはじめとする世界の研究者のネットワークも霊長類保護のための計画づくりなどさまざまな取り組みを進めている。多くの場合、細々としたものではあるが、既に紹介したように霊長類の保全と地域の経済発展の両立を目指してエコツーリズムを盛んにしようとの地元の努力も芽生えてきた。日本の研究者も既に紹介したようにコンゴ民主共和国（DRC）・カフジで地元の人々によるゴリラ保全活動を支援しているし、1994年に設立され、タンザニア・マハレ山塊国立公園のチンパンジーなどの野生生物や環境保全に取り組む「マハレ野生動物保護協会」も現地での自然保護活動を進めている。マレーシア・キナバタンガン川周辺のオランウータン保護に協力するNGOや企業もある。

霊長類専門家グループ議長のミッターマイヤーは「霊長類が絶滅する姿を手をこまねいて見ていることは許されない。人間はまだ自然から多くを学ばねばならず、その機会をなくしてはいけない。霊長類がきちんと守られていることは、そこに豊かな生態系が保たれていることの証明で、その結果として、人々が享受できる自然の恵みも大きい。だからこそ、人は霊長類を守らねばならない。種の保全は人類の責務だ」と訴える。

ミッターマイヤーは「最も大切なのは人間活動の影響から生物を守るための保護区の設定で、植林などによって保護区間のネットワークをつくることも重要だ。途上国の地域社会が自然を破壊しないでも豊かになれる方策を探ることも急務で、そのためには環境に配慮したエコツーリズムの推進も重要だ」と指摘する。

今、この瞬間にもすみかの森が破壊され、狩猟によって多くの霊長類が殺されているのだから、彼らを絶滅から救うことは時間との競争だ。国際社会や各国政府、企業、環境保護団体、そして一般市民の努力で、これらの歩みをできるだけ速めることが何より重要だ。

「西欧の保全生物学者の能力や資金だけでは類人猿は守れない。オランウータン保全のためにはインドネシア政府が残された森の破壊を止める政策を取らねばならないし、類人猿がいる国の政治的な安定や住民の生活状況の改善がなければ類人猿は守れない」と指摘するのはジェーン・グドール研究所のメンバーで『類人猿なき世界』という著書もある米国・サウスカリフォルニア大学のクレイグ・スタンフォードだ。適切な国際援助などを通じて、先進国が、発展途上国の貧困解消に協力することも重要な霊長類保護対策である。彼は著書の中で「今後の数十年間が類人猿の将来を決める。貧困、政府の破綻そして政治的不安定が支配する世界では、類人猿に将来はない。彼らの将来は我々の将来そのものでもあるのだ」と記している。

### 認証制度

環境を破壊する活動を減らし、持続的な企業活動と消費の実現を目指す上で重要になるのが、本節の冒頭で紹介したFSCなどの国際的な認証制度だ。FSC以外にも、環境への影響が少ない手法で生産されたパームオイルを認証する「持続可能なパーム油のための円卓会議（RSPO）」、熱帯林保全に配慮する形で生産された商品であると認証する「レインフォレスト・アライアンス」など、さまざまな国際認証制度がある。紛争地での武装勢力の資金源になってい

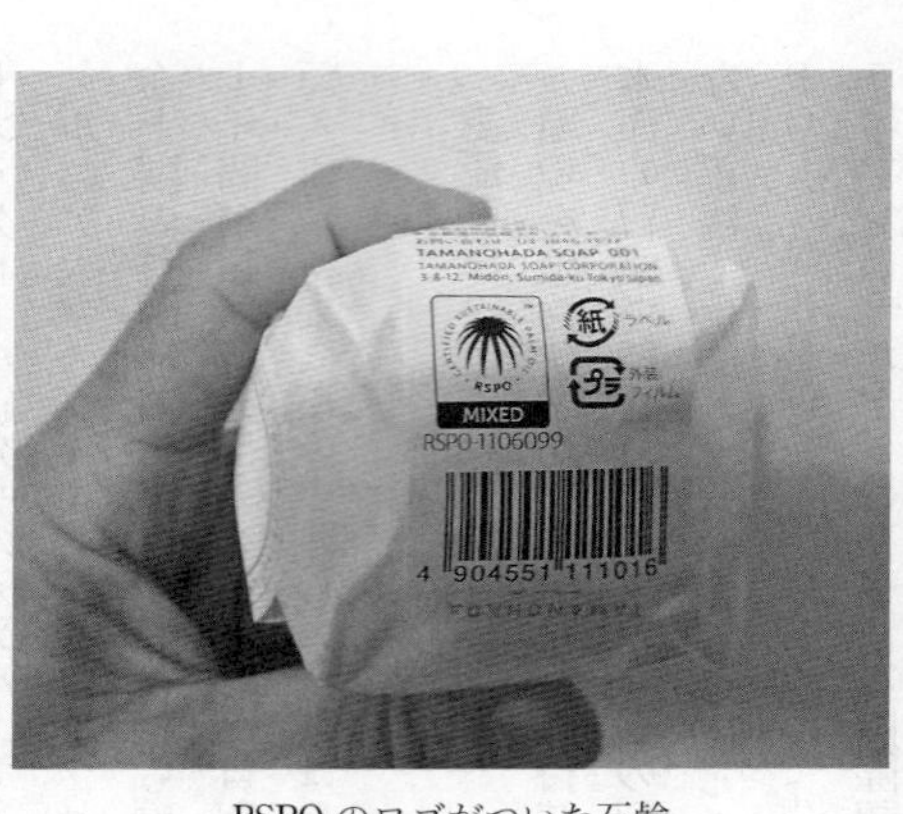


RSPO のロゴがついた石鹸

るダイヤモンドや鉱物ではないことを認証する仕組みもある。信用がおける国際的な第三者機関による認証制度を広げてゆくことは霊長類保護だけでなく、多くの生物種の保護に貢献する。消費者が認証製品であることを示すラベルを手がかりに、認証製品を選ぶようになれば、認証を取得しようとする企業も増えるはずだ。これはわれわれ消費者ができる最も簡単な霊長類保護の取り組みだと言える。

### 日本の貢献

本書を通じて筆者が訴えたかったことのひとつは、遠いアフリカ・コンゴ川流域やマダガスカル、ボルネオやアマゾンの熱帯林で起こっていることが日本人の生活と密接につながっているという事実である。日本は依然として熱帯木材の輸入大国であるし、日本人は東南アジアからのパームオイルを毎日、知らず知らずのうちに大量に消費している。われわれが使っている携帯電話やパソコンの中には、ゴリラやチンパンジーの生息地を破壊して採掘されたタンタルを使ったコンデンサーが使われているはずだ。日本のペットショップで高額で売られているサルの中には、もしかしたら東南アジアやアマゾンから密輸されたものが混ざっているかもしれない。

天然資源の消費大国である日本が世界の霊長類の将来に与える影響は大きいのだが、残念ながら日本のこの分野での貢献は他の先進国に比べて大きいとは言い難い。

違法伐採の製品が国内に入らないような取り組みを関連業者に求める法制度の整備は米国や欧州に比べて極めて遅れているし、RSPOの認証を取得した業者はまだ少ない。欧州のスーパーなどでは家具はもちろん、ポケットティシューやペーパーバックの本、ちょっとしたパンフレットにまでFSCの認証製品が広く使われているのだが、日本の市場でそれを見かける機会は極めて少ない。

欧州や米国の動物園は、霊長類保全のための環境教育に力を入れ、熱帯の森で霊長類の保全と研究に取り組む研究者にかなりの額の資金を提供したり、みずからの研究機関や保護団体を持っているものが少なくないのだが、日本の動物園によるこの種の取り組みは極めて限定的だ。日本ではインターネットや一般メディアで「可愛いペットのスローロリス」や「芸をするチンパンジーやゾウ」が取り上げられることは多いが、ブッシュミートハンティングやペット取引など、霊長類が暮らしている現場で何が起こっているのかが伝えられる機会はそれに比べて少ない。われわれ日本人はもっと、絶滅の危機にある霊長類への理解を深めねばならないだろう。

霊長類研究の面でも日本の貢献が重要だ。取材の中で、あるブラジルの霊長類学者から「日本は霊長類の科学研究では世界のトップを争っているが、保全への貢献となると、残念ながらまだまだだ」との苦言を聞かされた。西田利貞の音頭取りで発足した大型類人猿保全計画日本委員会（GRASP・JAPAN）も、西田が亡くなった2011年6月以降、ほとんど活動停止状態だ。第5章冒頭で紹介したウアカリ研究者、ボウラーの仕事のように、熱帯の森の中で霊長類を追い、その生態を研究し保護対策を考え、さらには地域の人々と一緒になってそれを実践に移すことは非常に困難な仕事だ。歴史ある日本の霊長類研究を引き継ぐ今の若い霊長類研究者の貢献度が問われていると言えるだろう。

発展途上国の貧しい人々の生活の質を向上させ、持続可能な生活が実現できるように、真に援助を必要とする人に届く形の国際援助を増やすことも大切だ。

地球上に暮らすわれわれの親類の将来を確かなものとするために、われわれ日本人がやるべきこと、できることは山積している。

## 人類の叡智

この本の執筆が大詰めを迎えていた2017年の1月、中国・広州の中山大学とロンドン動物学会（ZSL）の研究チームが、中国とミャンマーに生息するフーロックテナガザルの新種を確認したと米国の霊長類学専門誌に発表した。

研究チームによると、ミャンマー東部から中国南西部に生息しているフーロックテナガザルには、ミャンマーのチンドウィン川を境に西側のニシフーロックテナガザルと東側のヒガシフーロックテナガザルの2種類に分けられていた。だが、野生の個体や飼育下の個体の歯や体毛の特徴、遺伝子などを詳しく調べたところ、両種とは明らかに異なる第3のフーロックテナガザルが存在することが分かったという。新種のテナガザルは目の上やあごの部分の毛にわずかな違いがあり、研究者は人気映画「スター・ウォーズ」のヒーローにちなんで「スカイウォーカー・フーロック・テナガザル」と名付けることを提案した。高い木の上を巧みに渡りながら移動するテナガザルの名前としてはふさわしいものかもしれない。

だが、この新種のフーロックテナガザルの個体数は200頭ほどでしかなく、既に絶滅が心配される状態だという。

多数の固有種が生息するマダガスカルにも詳しく調べればまだ、新種の霊長類が見つかる可能性が高い。霊長類の世界にはまだまだ、われわれが知らないこと、分からないことがたくさんある。

ルワンダなどのマウンテンゴリラ研究の先駆者として先に紹介した米国のジョージ・シャラーは筆者とのインタビューで「火星に生物がいるかも知れない、と人々はエキサイトしているが、「自分の足元の地球に未知の生物がたくさんいること、そしてそれらの多くが、我々がその存在すら気付かないうちに永久に絶滅してしまっているという事実にはどうしてこうも関心が低いのだろう」と強い調子で語った。環境問題に取り組む記者として、彼女のこの言葉は忘れがたいものになっている。

これまでに紹介してきたように、「万物の霊長」と自認する人類の行いによって、人類に最も近縁な動物である霊長類の多くが絶滅の危機に立っている。多くの人の努力によって状況が改善に向かっている種もいくつかはあるものの、研究者が何十年も前から指摘していた危機的な状況には残念ながら改善の兆しは見られない。もちろん、絶滅危惧種の増加は霊長類だけにとどまらない。

森林破壊や乱開発、違法な野生動物の取引など今の状況が続いたら、そう遠くない将来に大型類人猿をはじめとする多くの霊長類が絶滅することになる。それを防ぐためには、これまで当たり前に続けてきた生活を根本から見直すことが必要だ。それには大きなコストが伴うし、さまざまな抵抗もあるだろう。だが、霊長類が少なくなった味気ない地球を子どもたちに残したくはない。そして、霊長類がこの地球上で存在しつづけることが人間にとっても重要であるということを忘れてはならない。人間も地球の生態系の中でしか生きられないのだから、環境破壊や種の絶滅はやがて人間の暮らしをもだめにすることになる。

シャラーはこうも書いている。「人間は自分が植物や動物、岩や水と切り離し難いものだということを認識しようとも、感じようともしないのだ。原生動物、ツェツェバエ、ゴリラと同様に人間もまた自然に依存している。自分を自然群集から離れたところに置くことによって、人間は地球の暴君となった。だが、彼が生存競争に勝ちきったときにはまちがいなくわが身を亡ぼすことになるだろう」と。

リーキーズ・エンジェルの1人として紹介したガルディカスも著書の中で、絶滅に向かう霊長類の姿を「熱帯林で現在、進んでいる自然の実験」と呼び「類人猿が絶滅に向かうのを見ることは、どんどん暮らしにくくなるこの惑星の上のわれわれ人類自身の未来を目撃しているようなものだ」と指摘している。そしてこうも書いている。「もし、われわれが自分たちに最も近い親類と彼らが暮らす熱帯の森を守れるならば、それはわれわれ自身を救う第一歩になるのだ」と。

今世紀を地球の歴史上に例のない「霊長類大絶滅の時代」としないために、自分たちを傲慢にもホモ・サピエンスと名付けた霊長類の「叡智」が今、問われている。

# 謝辞

私が危機に立つ霊長類の現状や保全への取り組みを意識して追い掛けるようになったのは、本書の中で何度か紹介したラッセル・ミッターマイヤーとの出会いがきっかけだった。彼とともにブラジル、マダガスカルなど多くの国を訪ねた。本書に登場する保全生物学者の多くを紹介してくれたのもラスだった。霊長類を守ることの大切さと、霊長類の魅力を教えてくれた彼に心から感謝している。京都大学の山極寿一総長にも長きにわたって、いろいろなことを教えて頂いた。コンゴ民主共和国のボノボの取材では同じ京都大学の伊谷原一教授と日本モンキーセンターの岡安直比さんに大変、お世話になった。隣国のコンゴ共和国の森林地帯の取材では京都大学出身の西原智昭さん、ルワンダでの取材ではビデオジャーナリストの森啓子さんから多くを教えて頂いた。なお、文中の肩書は取材当時のもので、敬称は略させていただいた。本書の中の情報の多くは共同通信の記者としての取材から得られたものに基づいている。筆者の勝手な行動を許してくれた共同通信社科学部と編集委員室の諸兄、そして家族にも感謝の言葉を記したい。

Status of Grauer's gorilla and chimpanzees in eastern Democratic Republic of Congo, Andrew J. Plumptre, et al., WCS, 2016

論　文

Luxury bushmeat trade threatens lemur conservation, Meredith A. Barrett & Jonah Ratsimbazafy, Nature, 2009
Apes in a changing world: the effects of global warming on the behaviour and distribution of African apes, 2010
Analysis of Patterns of Bushmeat Consumption Reveals Extensive Exploitation of Protected Species in Eastern Madagascar, Richard K. B. Jenkins, et al., PLOS ONE, 2011
Genetic Diversity and Population History of a Critically Endangered Primate, the Northern Muriqui (Brachyteles hypoxanthus) Paulo B. Chaves, Karen B. Strier et al., PLOS ONE, 2011
Bonobos Respond to Distress in Others: Consolation across the Age Spectrum, Zanna Clay, Frans B. M. de Waal, PLOS ONE, 2013
CROSSING INTERNATIONAL BORDERS: THE TRADE OF SLOW LORISES Nycticebus spp. AS PETS IN JAPAN, Louisa Musing, Kirie Suzuki, and K. A. I. Nekaris, Asian Primates Journal, 2015
Defaunation affects carbon storage in tropical forests, Carolina Bello 1, et al., Science Advances, 2015
Description of a new species of Hoolock gibbon (Primates: Hylobatidae) based on integrative taxonomy, Fan, P; He, K; Chen, X; Ortiz, A; Zhang, B; Zhao, C; Li, Y; American Journal of Primatology, 2017 (In press)

秀樹，斉藤千映美，長谷川寿一訳，新曜社，1999
ヒトに最も近い類人猿ボノボ，フランス・ドゥ・ヴァール著，加納隆至 監修，藤井留美訳，TBS ブリタニカ，2000
森の旅人，ジェーン・グドール，フィリップ・バーマン，上野圭一訳，松沢哲郎監訳，角川書店，2000
霧のなかのゴリラーマウンテンゴリラとの 13 年，ダイアン・フォッシー著，羽田節子，山下恵子訳，平凡社，2002
ボノボー地球上で，一番ヒトに近いサル，江口絵理著，そうえん社，2008
新世界ザルーアマゾンの熱帯雨林に野生の生きざまを追う，上下巻，伊沢紘生著，東京大学出版会，2014
道徳性の起源ーボノボが教えてくれること，フランス・ドゥ・ヴァール著，柴田裕之訳，紀伊國屋書店，2014

## 報 告 書

The Last Stand of the Orangutan: State of emergency: illegal logging, fire and palm oil in Indonesia's national parks, UNEP, 2007
Climate Change Impacts on Orangutan Habitats. WWF, 2009
Eastern Chimpanzee, Status Survey and Conservation Action Plan, 2010-2020, IUCN, 2010
The last stand of the gorilla: environmental crime and conflict in the Congo basin, C Nellemann; Ian Redmond; Johannes Refisch UNEP, 2010
BONOBO Conservation Strategy 2012-2022, IUCN, 2012
Stolen Apes: The illicit trade in Chimpanzees, Gorillas, Bonobos and Orangutans, UNEP, UNESCO, 2013
Primates in Peril: The World's 25 Most Endangered Primates 2014-2016, Edited by Christoph Schwitzer, Russell A. Mittermeier, Anthony B. Rylands, Federica Chiozza, Elizabeth A. Williamson, Janette Wallis and Alison Cotton, IUCN, 2014
Regional Action Plan for the Conservation of Western Lowland Gorillas and Central Chimpanzees 2015-2025, IUCN, 2015
The Future of the Bornean Orangutan: Impacts of Change in Land Cover and Climate, UNEP, 2015
Palm Oil Paradox: Sustainable Solutions to Save the Great Apes GRASP, UNEP, 2016

# 参考文献

*Faces in the Forest: The Endangered Muriqui Monkeys of Brazil*, Karen B. Strier, Harvard University Press, 1999

*The Great Apes*, Cyril Ruoso, Emmanuelle Grundmann, Evans Mitchell Books, 2007

*Primates of the World*, Ian Redmond, New Holland Publishers Ltd, 2008

*The Bonobos: Behavior, Ecology, and Conservation*（*Developments in Primatology: Progress and Prospects*）, Takeshi Furuichi, Jo Thompson, Springer, 2008

*Walking with the Great Apes: Jane Goodall, Dian Fossey, Birute Galdikas*, Sy Montgomery, Chelsea Green Pub Co, 2009

*Lemurs of Madagascar: Tropical Field Guide Series*（English Edition）, Russell A. Mittermeier, et al., Conservation International; Third edition, 2010

*Top 50 Reasons to Care About Great Apes: Animals in Peril*（*Top 50 Reasons to Care About Endangered Animals*）, David Barker, Enslow Publishers, 2010

*Planet Without Apes*, Craig B. Stanford, Belknap Press, 2012

*Evolutionary Biology and Conservation of Titis, Sakis and Uacaris*, Liza M. Veiga, Adrian A. Barnett, Stephen F. Ferrari, Marilyn A. Norconk, Cambridge University Press, 2013

*Primate Tourism: A Tool for Conservation?*, Anne E. Russon, Janette Wallis, Cambridge University Press, 2014

*An Introduction to Primate Conservation*, Serge A. Wich, Andrew J. Marshall, Oxford University Press, 2016

ゴリラの季節，ジョージ・B・シャラー著，小原秀雄訳，ハヤカワ文庫，1977

最後の類人猿－ピグミーチンパンジーの行動と生態，加納隆至著，どうぶつ社，1986

チンパンジーの森へ－ジェーン・グドール自伝，ジェーン・グドール著，庄司絵里子訳，地人書館，1994

森の隣人－チンパンジーと私，ジェーン・グドール著，河合雅雄訳，朝日選書，1996

オランウータンとともに－失われゆくエデンの園から，上下巻，杉浦

井田徹治

1959年12月，東京生まれ．1983年，東京大学文学部卒，共同通信社に入社．本社科学部記者，ワシントン支局特派員(科学担当)を経て，現在は編集委員．環境と開発の問題がライフワークで，多くの国際会議を取材．
著書—『ウナギ　地球環境を語る魚』『生物多様性とは何か』『グリーン経済最前線』(共著)(以上，岩波新書)，『鳥学の100年』(平凡社)など．

霊長類　消えゆく森の番人　　岩波新書(新赤版)1662

2017年5月19日　第1刷発行

著　者　井田徹治（いだてつじ）

発行者　岡本　厚

発行所　株式会社　岩波書店
〒101-8002 東京都千代田区一ツ橋2-5-5
案内 03-5210-4000　営業部 03-5210-4111
http://www.iwanami.co.jp/

新書編集部 03-5210-4054
http://www.iwanamishinsho.com/

印刷製本・法令印刷　カバー・半七印刷


ISBN 978-4-00-431662-6　　Printed in Japan

# 岩波新書新赤版一〇〇〇点に際して

ひとつの時代が終わったと言われて久しい。だが、その先にいかなる時代を展望するのか、私たちはその輪郭すら描きえていない。二〇世紀から持ち越した課題の多くは、未だ解決の緒を見つけることのできないままであり、二一世紀が新たに招きよせた問題も少なくない。グローバル資本主義の浸透、憎悪の連鎖、暴力の応酬――世界は混沌として深い不安の只中にある。

現代社会においては変化が常態となり、速さと新しさに絶対的な価値が与えられた。消費社会の深化と情報技術の革命は、種々の境界を無くし、人々の生活やコミュニケーションの様式を根底から変容させてきた。ライフスタイルは多様化し、一面では個人の生き方をそれぞれが選びとる時代が始まっている。同時に、新たな格差が生まれ、様々な次元での亀裂や分断が深まっている。社会や歴史に対する意識が揺らぎ、普遍的な理念に対する根本的な懐疑や、現実を変えることへの無力感がひそかに根を張りつつある。そして生きることに誰もが困難を覚える時代が到来している。

しかし、日常生活のそれぞれの場で、自由と民主主義を獲得し実践することを通じて、私たち自身がそうした閉塞を乗り超え、希望の時代の幕開けを告げてゆくことは不可能ではあるまい。そのために、いま求められていること――それは、個と個の間で開かれた対話を積み重ねながら、人間らしく生きることの条件について一人ひとりが粘り強く思考することではないか。その営みの糧となるものが、教養に外ならないと私たちは考える。歴史とは何か、よく生きるとはいかなることか、世界そして人間はどこへ向かうべきなのか――こうした根源的な問いとの格闘が、文化と知の厚みを作り出し、個人と社会を支える基盤としての教養となった。まさにそのような教養への道案内こそ、岩波新書が創刊以来、追求してきたことである。

岩波新書は、日中戦争下の一九三八年一一月に赤版として創刊された。創刊の辞は、道義の精神に則らない日本の行動を憂慮し、批判的精神と良心的行動の欠如を戒めつつ、現代人の現代的教養を刊行の目的とする、と謳っている。以後、青版、黄版、新赤版と装いを改めながら、合計二五〇〇点余りを世に問うてきた。そして、いままた新赤版が一〇〇〇点を迎えたのを機に、人間の理性と良心への信頼を再確認し、それに裏打ちされた文化を培っていく決意を込めて、新しい装丁のもとに再出発したいと思う。一冊一冊から吹き出す新風が一人でも多くの読者の許に届くこと、そして希望ある時代への想像力を豊かにかき立てることを切に願う。

（二〇〇六年四月）